たくさん読まれる

アメブロの書き方

株式会社サイバーエージェント
木村賢

技術評論社

■ 免責

本書に記載された内容は、情報の提供のみを目的としています。したがって、本書を用いた運用は、必ずお客様自身の責任と判断によっておこなってください。これらの情報の運用の結果について、技術評論社および著者はいかなる責任も負いません。

本書記載の情報は、刊行時のものを掲載していますので、ご利用時には変更されている場合もあります。

以上の注意事項をご承諾いただいたうえで、本書をご利用願います。これらの注意事項をお読みいただかずに、お問い合わせいただいても、技術評論社および著者は対処しかねます。あらかじめ、ご承知おきください。

■ 商標、登録商標について

本文中に記載されている製品の名称は、一般に関係各社の商標または登録商標です。なお、本文中では ™、®などのマークを省略しています。

prologue

ブログで広がる世界

好きなことをして
生きていけるようになるきっかけに

「ブログをやって人生変わった！」

アメブロを利用していただいている方には、そうおっしゃる方が多数いらっしゃいます。

「世界一周の記録をブログで綴ったら、本を出せて、テレビにも出演するようになった！」
「趣味でやっていたレシピブログが、本になった！」
「ブログで趣味のことを書いていたら、スポンサーがついて、職業になってしまった！」
「ファッションブログが人気になって、いつの間にかタレントになっていた！」
「ブログが人気になって、ドラマ化されてしまった！」

などなど。実際にわたしも何人かの人気ブロガーさんにお会いさせていただきましたが、ブログが人気になることで「好きなことをして生きていけるようになった」という方もいます。

自分の人生の記録として、子どもの成長の記録としてブログを楽しんでいらっしゃる方もたくさんいらっしゃいます。それでも、あなたのブログを見て

「あのブログので紹介してあるお店に行ったらおいしかった。ありがとう」
「子どものことで悩んでいたけれど、同じ悩みを持って乗り越えている人がいて楽になれた。ありがとう」

と思っている人がいるかもしれません。あなたのブログに集まっている「ありがとう」を思うと、ちょっとはずかしいけれどワクワクしませんか？

ブログへの最大の入口、じつは……

「でも、どうせ読者登録が増えないとダメでしょ？」
「アメーバトピックスに載らないと人気にならないって聞いてるけど……」

なんて声が聞こえてきそうですが、アメブロの各ブログへの最大の入口はじつは検索エンジンなんです。約40％のアクセスは検索エンジンから来ています。

「うそでしょー」と思われる方は、Google か Yahoo! で「プチプラコーデ」と検索してみてください。きっとアメブロがい

くつか並んでいるはずです。

「そんなこと言っても、わたしのブログには検索エンジンから全然アクセスが来てないけど……」

という人はチャンスです（笑）。それだけ可能性が残っています。少し書き方を変えるだけで、検索エンジンから人が来るようになるかもしれません。

あなたのブログを変えるのはあなた！

私は毎日、「みなさんのブログにどうやったらもっとたくさんの人が来るか？」を考えて、たくさんの工夫をしています。ですが、実際ここ何年か毎日毎日考え続けて出た結論は、「ブログにたくさん人が来てもらえるかどうかは、ブロガーさん次第」もっというと「ブロガーさんのブログの作り方や記事の書き方次第」だということです。

あなたのブログに、もっとたくさんの人が来るようになる。
あなたのブログを、もっとたくさんの人に読んでもらえるようにする。
この本には、そのためのヒントを詰め込んでいます。

この本を読んで、あなたのブログライフがより楽しく充実したものになれば幸いです。

contents

prologue　はじめに　003

chapter 1 なにを書いたらいいの？ 012

1-01 「伝えたいこと」が「知りたいこと」になるか 014

情報を探している人の知りたいことは何？ 014
探している情報が多いほうが、たくさんの人に読まれやすい 015
書きたくないことは、たくさん読まれそうでも書かない 016

1-02 「知りたい人」はどこで探す？ 018

知りたいことによって“探せる場所”はさまざま 019
なんでも探せる（？）検索エンジン 019

1-03 検索エンジンでどうやって探す？ 021

どんな言葉で検索される？ 021
“知りたい”には背景がある 023

1-04 検索エンジンからの3つの入口 025

ブログトップページ　～ブログの顔 025
ブログテーマページ　～記事の集合体の代表 027
記事ページ　～最も多くの数を占める 029

1-05 たくさんの人に読んでもらうために、何を書くか？ 030

方向性を絞ったほうが検索エンジンに評価される 030
いろいろなことを書きたいときは 033

1-06 どんなテーマを設定するか考えよう 034

アメブロでのテーマとは「記事のカテゴリ」のこと 034
「読者が知りたいことのまとまり」をテーマに 035
テーマを作るのは記事ができてから 038

1-07 旬な話題を取り込もう 039

話題になっていることはよく検索される 039
キーワードだけでなく中身も旬に 041

chapter 2 記事はどう書いたらいいの？ 042

2-01 知りたいことを網羅してあげよう 044

「好みは人それぞれ」をふまえて、いろいろな人が満足できるように 044
“知りたいこと”と“伝えたいこと”がマッチするポイントを探るのも手 046

2-02 その記事を読むメリットを考えよう 047

“ここにしかない情報”を入れよう 047
“プラスアルファの情報”を入れよう 049

2-03 読まれる記事は「タイトルが９割」 051

タイトルだけで記事を選ばなければいけないケースは多い 051
表示されるところによって選ばれるタイトルが変わることも 053
検索を意識するときは、検索される言葉を意識する 054
「クリックしたくなる画像」を最初に 057

2-04 読みやすい記事にしよう 059

だれもが理解できる文章にするために気をつけたい２つのこと 059
用語がわからない人のことも考える 060
漢字が多すぎると難しく感じさせてしまう 061

2-05 見やすい記事にしよう 064

「ポエムのように見えておしゃれ」は読みやすくない 064
行間を空けすぎないようにしよう 065

2-06 スマートフォンでの読みやすさを意識しよう 068

読者の多くはスマートフォンで見ている 068
文字の大きさに注意 069
スマートフォンでリンクはタップしやすい？ 070
“ギガが減る”と嫌われる 071

2-07 画像や動画を入れよう 072

画像が多い記事は好かれる傾向が 072
その記事を魅力的にする画像や動画を 073
過剰に入れすぎて逆効果にならないよう注意 074

column 01 芸能人ブログは「ありのまま」でいい理由 075

chapter 3 検索エンジンに好かれるようにする 078

3-01 人の評価が検索エンジンの評価 080

検索エンジンはユーザーにとっていい検索結果を作りたい 080
「人に好かれる」は検索エンジンにも好かれる？ 081

3-02 検索エンジンに理解しやすい言葉で書こう 083

検索エンジンの中には“ちっさいおっさん”がいる？ 083
専門家向けのブログは、専門性高く 084
検索エンジンは人と同じ目を持っている？ 085
人にとって見やすければ検索エンジンにも見やすい 086

3-03 検索エンジンが記事の内容を理解するのを助ける 088

「何が書かれているか」を記事のタイトルで教えてあげよう 088
見出しで理解を助けよう 091

3-04 更新回数を増やそう 093

なぜ、更新頻度が増えるとアクセスが増える？ 093
新しい情報が求められる場合も？ 094

3-05 Google目線で見てみよう 096

Search Consoleを設定しよう 096
検索エンジンでの成績表 ～検索アナリティクス 106
「最近新しく書いた記事がGoogleで出てこないなあ」と思ったら
～インデックスステータス 108

検索エンジンの目は人の目と同じ？　～Fetch as Google　109
検索エンジンに怒られてない？　～HTML の改善　111
アクセスが落ちてしまっている原因は？　～メッセージ　113
column 02　ブログ記事のユーザー評価テストをやってみた　114

chapter 4 ブログを宣伝しよう　118

4-01 読者登録をうまく使おう　120
「相手に知らせて」読者になろう　120
読者登録すれば“読者登録返し”がもらえるかも？　122
読者登録は本当に読みたいブログに　123
「相手に役立つ」と思ったら読者登録するのもアリ？　123

4-02「いいね」をうまく使おう　125
「いいね」をして喜んでもらおう　125
「いいね」をもらうために必要なこととは　126

4-03 アクセスが増えるリンクって？　128
相互リンクは過去のもの？　128
価値のある相互リンクならいいけれど……　129
リンクをもらうのは検索エンジンのためではない　130
期待を超える記事でリンクをもらおう　133

4-04 ソーシャルメディアで宣伝しよう　134
ブログのアクセスを上げるなら Facebook と Twitter　134
Instagram でもブログの存在をアピールしよう　135

chapter 5 検索エンジンに絶縁状をつきつけられないために 138

5-01 検索エンジンをだまさない 140

古典的スパム？　～隠しテキスト　140
人と検索エンジンで違うものを見せる　～クローキング　142
詰め込みすぎは検索エンジンもお腹いっぱい　～キーワードの乱用　142
甘い言葉にだまされないで！　～リンクを買う行為　143

5-02 その記事を読ませることが目的ではない記事はNG 146

「アフィリエイトで儲かれば OK」という考えは捨てよう　146
別のサイトへの誘導が目的の記事は嫌われる　148
ほかのサイトへリンクすることで報酬を得てはいけない　149
「記事の結果としての報酬」を目指そう　151

5-03 それ、パクリじゃない？　～盗用に注意 152

「出典を書いてるからいいでしょ」ではすまされない　152
無断転用すると削除を申請されることが　153
Google のガイドラインに目を通しておこう　154
column 03 アメブロはどうやってスパムを見つけているか？　156

interview 特別インタビュー　158

「世界一周恋する咲ログ」窪咲子　159
「ざわちんオフィシャルブログ」ざわちん　164

chapter 1

なにを書いたらいいの？

いざブログを書こうと思っても、「何を書いたらいいのかわからない」という方は多いと思います。人に見てもらうことを目的としない、たとえば自分だけがあとで振り返って見ればいい日記のようなブログならば、どんなことを書いてもかまわないと思います。

一方で、人に見てもらいたいブログ、たくさんの人に来てほしいブログを書きたいなら、「何を書いてもいい」というわけにはいきません。たくさんの人に見てもらいたいならば、なにか価値のある情報を提供してあげる必要があります。

“価値のある情報”といっても、「だれも知らない裏技を紹介する」とか「自分だけが知っている隠れ家レストランの記事を書く」とか、はたまた「冥王星はなぜ惑星から準惑星になったのか」といったあなただけが知っているとっておきの情報や、専門知識を必要とする難しい情報を提供しろと言っているわけではありません。

ブログを読む人、検索エンジンで検索したりソーシャルメディアでタイムラインを眺めたりしながら、“知りたいこと”や“わからないことの答え”を求めてインターネットを使っている人に、あなたの知識の中にある範囲で情報を提供して助けてあげればいいのです。

ここでは、どういう情報を提供したらたくさんの人に読んでもらえるのかを見ていきましょう。

01 「伝えたいこと」が「知りたいこと」になるか

情報を探している人の知りたいことは何？

情報を探している人や情報を待っている人には、なにかしらの「知りたいこと」があります。「知りたいこと」の裏には、困ったことややりたいことがあるはず。たとえば、

「“服についたカレーのシミが落ちない”ので、“服についたカレーのシミを落とす方法”が知りたい」

「“夏休みの旅行でハワイに行く”んだけど、はじめてのハワイなので、“おいしいハワイアン料理のレストラン”を探している」

などです。

その“困ったこと”や“やりたいこと”を解決したり、かなえたりするために“知りたい”ことを提供してあげれば、読んだ人はとても助かり、「ありがとう」という気持ちになるはず。

読んで「ありがとう」と思ってもらえることを書くのが、たくさんの人に読んでもらう第一歩です。

探している情報が多いほうが、たくさんの人に読まれやすい

たとえば、渋谷でパイナップル味のラーメンに遭遇したとします。そうしたら、「渋谷で見つけた摩訶不思議な味のラーメンのことを伝えたい！」と思いますよね？　でも、ふつうは「渋谷で摩訶不思議な味のラーメン」を食べたくて、「渋谷の摩訶不思議な味のラーメン屋さん」のことを知りたいという人は少ないと思います。

一方で、「渋谷でおいしいラーメン」を食べたくて、「渋谷のおいしいラーメン屋さん」のことを知りたい人はたくさんいるはずです。

さて、「渋谷の摩訶不思議な味のラーメン屋さん」と「渋谷のおいしいラーメン屋さん」、どちらのほうが多くの人に読まれそうでしょうか？

かんたんですね。探している人が多い情報、ここでいえば「渋谷のおいしいラーメン屋さんの情報」のほうが、たくさんの人に読まれる可能性が高いわけです。

もちろん、「摩訶不思議な味のラーメン屋さん」がFacebookやTwitterで話題になって、多くの人に読んでもらえることはあります。“おもしろい話題”や“感動する話”なんかも。昔では『電車男』とかでしょうか……古いですね（笑）。でも、そういう“おもしろい・感動する話”というのは、素人が狙っ

て書けるほど甘くないですよね？

そう考えると、「摩訶不思議な味のラーメン」ではなく、「おいしいラーメン」の情報を伝えるほうが、たくさんの人に読んでもらえる可能性はありそうですよね。「摩訶不思議なラーメン」よりも「おいしいラーメン」を探している人のほうが、長い期間にわたって多いのは確実ですから。

ブログを作るとき、書くときは、

「“伝えたい”ことが、情報を探している人、待っている人にとって"知りたい”ことになるかどうか？」

を一度考えてみましょう。

書きたくないことは、たくさん読まれそうでも書かない

いくら困っていそうな人がいたとしても、自分が苦手なこと、書きたくないことを書くのはやめましょう。せっかく楽しいブログの更新が、辛いものになってしまうからです。

たとえば、旅行に関するブログを書いていて、「紅葉シーズンだし、『京都の紅葉がきれいなお寺ってどこかな？』と、情報を探している人は多いだろうなあ」と考えたとしても、「じつは、京都ってそんなに行ったことがないから、くわしくないんだよね……」と思ったら、無理やり京都の記事を書くのはや

めておきましょう。自分が書きたい、自分の得意なことに関する記事を書くようにしましょう。あくまで自分が書きたいことの中で、

「こういうことに困っている人を助けられそうだな」
「こういうことを知りたい人を助けてあげられるな」

と思いついたことについて書くようにしてください。それに、得意ではない分野の記事は、その分野の得意な人の記事よりもくわしかったりわかりやすかったりする記事になることはなかなか難しいですし。

「伝えたいこと」「伝えられること」
「知りたいこと」を一致させる

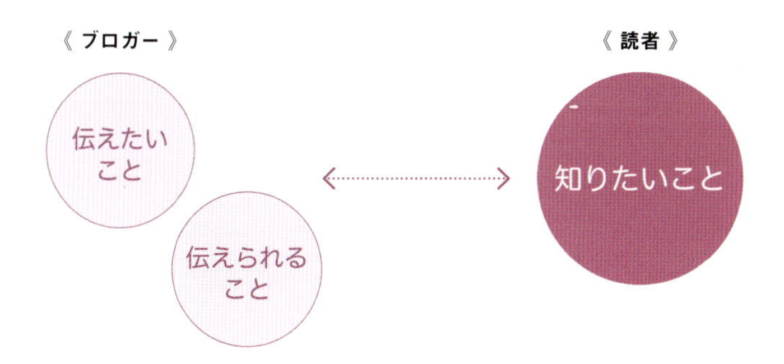

02 「知りたい人」はどこで探す？

知りたいことによって “探せる場所” はさまざま

「知りたいことがある人」は、知りたいことをどうやって探すでしょうか？

「今年の夏休みはハワイに行こう。ハワイのきれいな海が見える素敵な部屋で、子どもが遊べるプールがある、ワイキキのホテルはないかな？」と思っている人がいたとします。そのような人は、次の方法でホテルを探すでしょう。

- 楽天トラベルやExpediaやじゃらんなどの宿泊予約サイトで探す
- Tripadviserなどの旅行口コミサイトで探す
- InstagramやTwitterなどのソーシャルメディアで探す
- GoogleやYahoo!などの検索エンジンで探す

そのほか、“口コミ”を求めている場合は、アメブロの中の検索（http://search.ameba.jp）で探す方もけっこういらっしゃいます。

「W杯に向けて、テレビを買い換えよう。60インチくらいの大きな4Kテレビは何がいいかなあ？」なんて思っている人

がいたとしたら、

・Amazon や楽天市場などの EC サイトで商品と口コミを探す
・価格 .com のような価格比較サイトで口コミを探す
・Google や Yahoo! などの検索エンジンで探す
・Sony や Panasonic などの公式通販サイトで探す

などの方法があるでしょう。

　では、「明日は、札幌に行くんだけど、札幌のおいしいお寿司屋さんはどこだろう？」と思っている人はどうでしょうか。

・食べログや Retty などのグルメの口コミサイトで探す
・お寿司大好きな友達や札幌出身友達の Facebook ページを見てみる
・Instagram や Twitter などのソーシャルメディアで探す
・Google や Yahoo! などの検索エンジンで探す
・ぐるなび、Hot Pepper などのグルメ情報サイトで探す

などでしょうか。

なんでも探せる（？）検索エンジン

　この 3 つのどの場面でも、「Google、Yahoo! などの検索エンジンで探す」が共通しているところに注目してください。最近では、知りたい情報のジャンルに特化した口コミサイトや、

商品のことを知りたかったり買いたかったりする場合にはECサイトではじめから探す人も多いようですが、どのようなジャンルであっても"探す"ことができるのはGoogleやYahoo!などの検索エンジンです。検索エンジンなら"おいしいラーメン屋さん"の情報も、"おしゃれなジャケット"も、"醤油のシミ抜きの方法"も、"人気の結婚式"の余興も、すべて調べることができます。"探せる場所"が増えているとはいえ、いまだにインターネットをする人の多くは、知りたいことを検索エンジンで探すことが多いようです。"探している人が多い"検索エンジンを意識することでアクセスアップを狙ってみましょう。

**探したいものを見つけるために
検索エンジンを使うことは多い**

探しているもの	情報を探せる場所
餃子のレシピ	Cookpadなどのレシピサイト ブログの検索 検索エンジン
銀座のイタリアン	食べログ、Rettyなどの口コミサイト ぐるなび、Hot Pepperなどのグルメサイト ブログの検索、検索エンジン
中古のプリウス	カーセンサー goo-netなどの中古車情報サイト 検索エンジン
60インチの4Kテレビ	Amazon、楽天などのECサイト 価格.comなどの口コミサイト 検索エンジン

検索エンジンで どうやって探す？

どんな言葉で検索される？

検索エンジンでは、「知りたいこと」が何かしらの言葉に化け、検索ボックスに入れられて、検索されます（最近では、画像をアップロードして似ている画像を検索するようなこともできますが）。では、どんな化け方をするのでしょうか？

「名古屋のおいしい味噌カツ屋さんが知りたい」
⇒「名古屋　味噌カツ」

「ワイシャツがシワにならない干し方を知りたい」
⇒「ワイシャツ　シワ　ならない　干し方」

「焦げ付かないフライパンって、どれだろう？」
⇒「フライパン　焦げ付かない」

「スカイツリーの高さって、何メートル？」
⇒「東京スカイツリー　高さ」

こんな感じでしょうか。知りたいことがシンプルな言葉になって検索ボックスに入ることが多いようです。

一方で、こんな検索キーワードもけっこうあります。

「夫　嫌い」
「腰痛い」
「トイレ行きたい」

「夫　嫌い」は、何が知りたいのでしょうか？「主人とうまくやっていく方法」でしょうか？　「夫と別れる方法」でしょうか……。

「腰痛い」は、何が知りたいのでしょうか？「腰痛を治す方法」だったり「腰痛の予防法」、もっと具体的に「腰　ストレッチ　方法」かもしれません。

「トイレ行きたい」は、「トイレの場所」か、「トイレを我慢する方法」といったところでしょう。

通常は、さきほどの「名古屋　味噌カツ」や「東京スカイツリー　高さ」のように、知りたいことがシンプルな形で検索キーワードに化けてくるのですが、

「腰痛い」という"状態"
「トイレ行きたい」という"願望"
「夫　嫌い」という"ふと思ったこと"

など、明確に何か"知りたいこと"を探しているというよりも、"感情"がつぶやきのごとくそのまま検索されることもあるのです。

“知りたい”には背景がある

ふつう、「知りたいこと」には何かしらの背景があります。「焦げ付かないフライパンはどれ？」が知りたいことであれば、「フライパンが焦げ付いて困っている」という背景があるでしょう。ただ、この問題は、「焦げ付かないフライパンは何か？」を知ること以外に、「フライパンの焦げ付きをとる方法」を知ることでも解決できるかもしれません。

つまり、「フライパンが焦げ付いて困っている」という背景からは、

「フライパンが焦げ付いて困っている」
⇒「フライパン　焦げ付かない」

「フライパンが焦げ付いて困っている」
⇒「フライパン　焦げ付き　取り方」

という異なった解決策を求めて、異なる検索キーワードが生まれることがあります。

背景　⇒　問題解決方法を知りたい
⇒検索キーワード：背景の問題そのもの

背景　⇒　問題解決方法を知りたい
⇒検索キーワード：背景の問題を解決する方法

この２種類があるわけです。ときには「知りたいことの背景の問題点が何か？」まで考えてあげると、より多くの人にブログを読んでもらうことができそうですね。

問題解決の方法がキーワードの場合と、
問題そのものがキーワードの場合がある

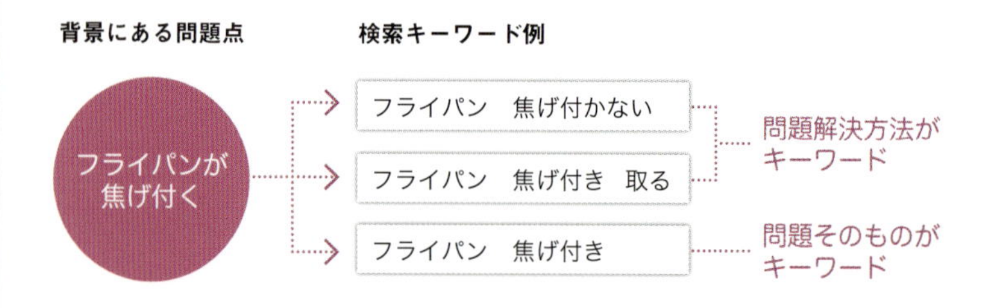

検索エンジンからの3つの入口

検索エンジンで検索してきた人は、あなたのブログのどのページにたどりつくでしょうか？　アメブロでは、次の3種類のページが入口になることが多くなっています。

・各ブログのトップページ
【例】https://ameblo.jp/ ブログ ID/
・ブログテーマ（カテゴリ）ページ
【例】https://ameblo.jp/ ブログ ID/theme-xxxxxxx.html
・各記事ページ
【例】https://ameblo.jp/ ブログ ID/entry-xxxxxxxx.html

それぞれのページの特徴は、次のようなものになります。

ブログトップページ　～ブログの顔

ブログの顔となるページです。芸能人の名前で検索したときに検索エンジンに出てくるのは、おもにこのブログトップページです。あなたのブログも、ブログ名で検索したときに検索エンジンで出てくるのは、このブログトップページであることがほとんどのはずです。

「ざわちん」さんを検索すると、ブログトップページが出てくる

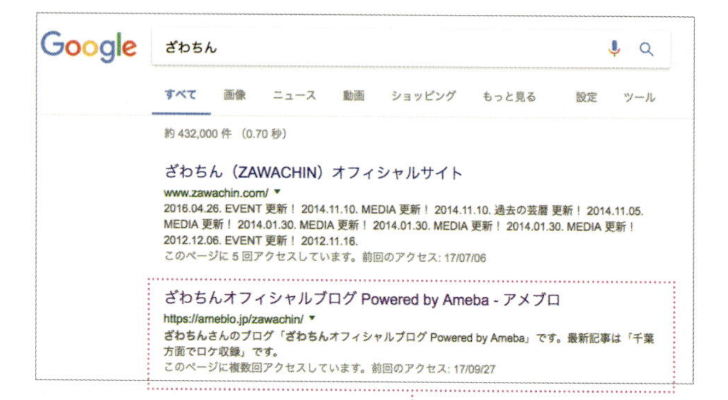

ブログテーマページ～記事の集合体の代表

アメブロでは、各記事に「テーマ」を設定することができます。アメブロの用語でちょっとややこしいですが､テーマとは、それぞれの記事がどのような内容なのかをグループ分けするもので、各記事のカテゴリだと思ってください。このブログテーマのトップページも、検索エンジンの入口となることがあります。各記事の集合体の代表が、このテーマページです。

「世界一周　エルサルバドル」で検索すると、
「ホンジュラス・エルサルバドル」のテーマが上位に表示される

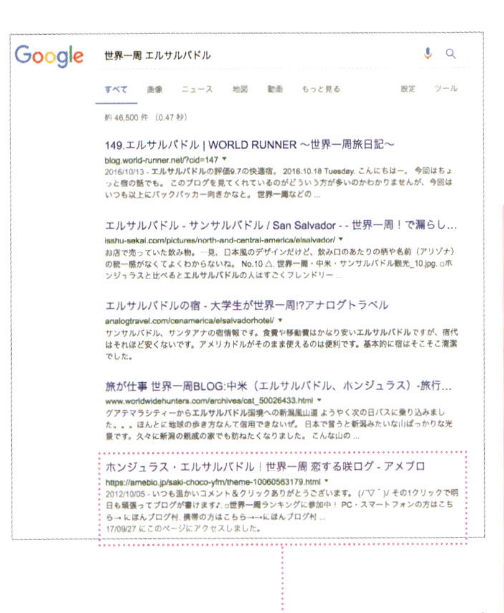

たとえば、カレー屋さんを巡っているブログがあったとして、京都のカレー店A、京都のカレー店B、京都のカレー店Cとそれぞれに訪問記が記事としてできたとします。これらの記事に「京都　カレー屋」というテーマを設定してあげると、「京都　カレー屋」という“テーマページ“ができるわけです。

この「京都　カレー屋」の集合体となるテーマページが、検索エンジンの入口となることがあります。

カレー屋さんを巡るブログでテーマを設定すると

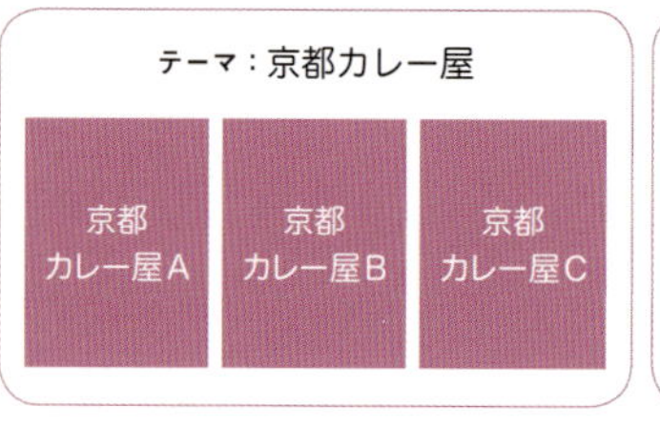

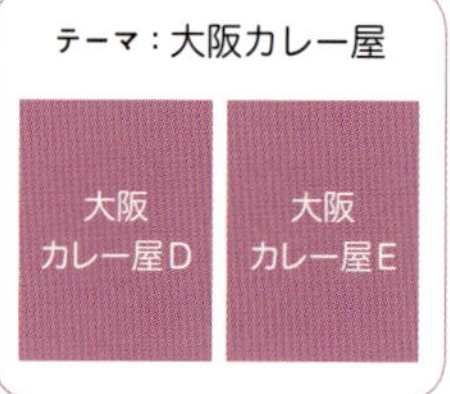

兵庫
カレー屋F

記事ページ
～最も多くの数を占める

日々ブログを更新するとできる“各記事“ページのことです。ブログのページの中で最も多くの数を占めます。同じ種類の記事のまとまりが“テーマ”で、記事すべてのまとまりが“ブログ”になります。

同じ種類の記事のまとまりが「テーマ」、
記事すべてのまとまりが「ブログ」

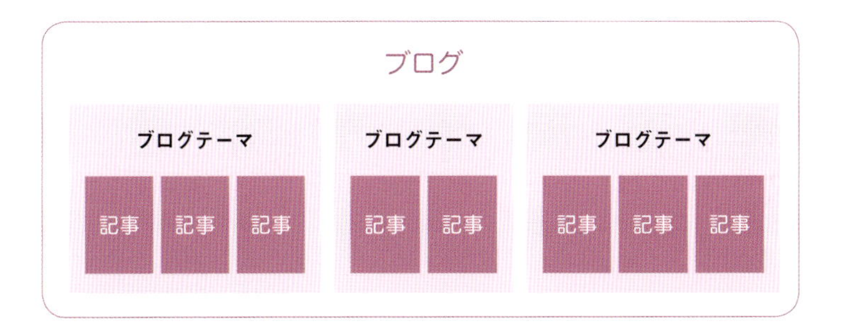

芸能人などのオフィシャルブロガーを除く、一般ブロガーの方の多くは、この記事がブログの入口になることが多いです。また、読者の方が記事にたどりつくのは検索エンジンからが多くなっています。

05 たくさんの人に読んでもらうために、何を書くか？

方向性を絞ったほうが検索エンジンに評価される

自由になんでも書くことができる（もちろん、法に触れることやだれかを傷つけるようなものはダメですが）のが、ブログのいいところ。でも、たくさんの人に記事を読んでほしい人、とくに検索エンジンからのアクセスを増やそうとする場合には、なんでもかんでも好きなことを書くというようでは、うまくいきません。

では、どうすればいいか？　ポイントは“ある程度方向性を絞る”ことにあります。

たとえば、「私のラーメン日記」としてラーメンの食べ歩きの記録を綴ったり、「デザイナーママの子育て日記」として子育ての悩みや出来事を綴ったりしたほうが、検索エンジンが「これはラーメンの情報を書いたブログなんだな」とか「これはママさんが書いている子育てのブログなんだな」と理解してくれて、ラーメンに関係したキーワードや育児に関連したキーワードで検索結果の上位になりやすくなるという性質があります。

それにテーマを絞れば「ラーメン日記」や「育児ブログ」などの比較的検索数が多いキーワードでGoogleやYahoo!でランクアップするなんてこともあるかもしれません。

テーマを絞るほうが検索エンジンで評価されやすい

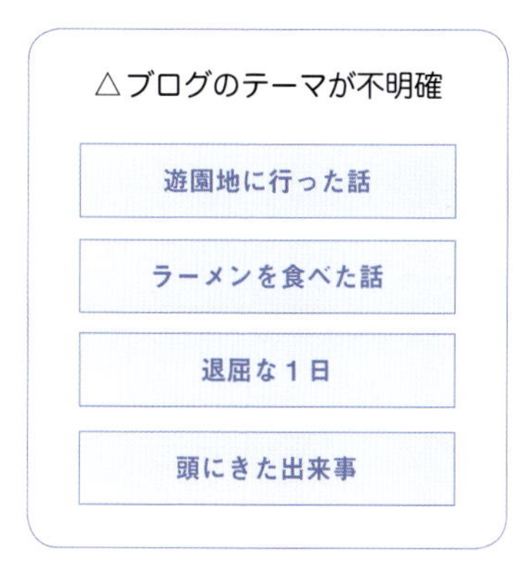

実際に、アメブロでは「プチプラコーデ」「育児」「ディズニー」という検索数が多いキーワードでランクアップしているブロガーさんが何人かいらっしゃいます。この「プチプラコーデ」で検索エンジンの上位に表示できているブロガーさんがもし、プチプラコーデ以外に「今日食べたランチ」のことや「祖父母と行った温泉旅館の話」や「最近はまっているドラマ」の話をブログに書いていたら、「プチプラコーデ」という素敵なキーワードではランキングが上がっていなかったかもしれません。

「プチプラコーデ」で検索結果すると、
上位4位までがアメブロ（2017年5月31日17:00時点）

いろいろなことを書きたいときは

「どうしてもいろんなことを書きたい！

そんな人はどうすればいいか？
答えは、複数のブログを作ることです。

「ラーメン食べ歩きのブログ」

「飼っているカメの飼育日記」

「毎日の私の朝ごはん」

のように複数のブログを作り、「ラーメン屋の情報」「カメの飼育方法」「朝ごはんレシピ」に内容を絞ったものを作ればいいのです（たいへんではありますが）。

「本当にもっといろんなことを書きたいんです！」という人は、「ラーメン食べ歩きのブログ」とともに、「私の日記」のような雑多な内容のブログを作れば、「ラーメン屋の情報」のように内容が絞られた検索エンジンに好かれるようなブログができるでしょう。

06 どんなテーマを設定するか考えよう

アメブロでのテーマとは「記事のカテゴリ」のこと

さて、ブログ全体の方向性が決まったら、そこに含まれるテーマを決めましょう。さきほども出てきましたが、テーマとは「記事のカテゴリ」のことです。

「吉田さんちのディズニー日記」のテーマ

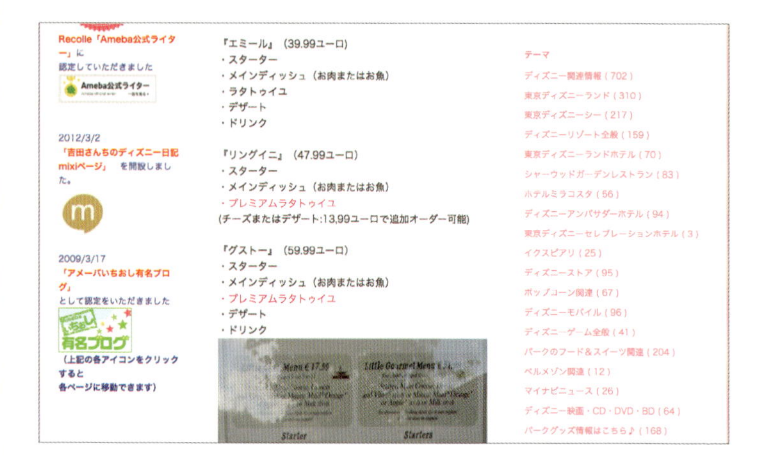

たとえば、この「吉田さんちのディズニー日記」(https://ameblo.jp/mmdisneymm/) では、ブログ全体の方向性は「ディズニー」特に「東京ディズニーリゾート」についてですが、そ

の中の“テーマ”として「東京ディズニーランド」「東京ディズニーシー」のほか「ホテルミラコスタ」や「イクスピアリ」など、おもに施設ごとにテーマが用意されています。

ほかにも、「ポップコーン関連」というテーマがあるのはおもしろいですね。たしかに、東京ディズニーリゾートのポップコーンはいろいろ味があって楽しいし、おいしいですもの。

「吉田さんちのディズニー日記」は、「東京ディズニーランド」「東京ディズニーシー」「イクスピアリ」などのテーマが集まって「東京ディズニーリゾート」「ディズニー」のブログができあがっているイメージです。

「読者が知りたいことのまとまり」をテーマに

「東京カレー食べ歩きブログ」であれば、テーマは次のような分け方が考えられます。

- 「渋谷のカレー」「新宿のカレー」「上野のカレー」などのエリアごとに分ける
- 「牛肉のカレー」「豚肉のカレー」「野菜のカレー」などの素材ごとに分ける
- 「インドカレー」「そば屋のカレー」「欧風カレー」などの種類ごとに分ける

アメブロでは、1つの記事に1つのテーマしかつけることが

できません。そのため、テーマの切り方は迷うところですが、指針としては

「読者がどんなことを知りたいか？」

で考えるのが大切です。

「東京カレー食べ歩きブログ」であれば、読者の人は「渋谷のカレー」「新宿のカレー」などのエリアごとの情報と「牛肉のカレー」「豚肉のカレー」などの素材ごとの情報、どちらでテーマを区切られているほうがうれしいでしょうか？

「東京カレー食べ歩きブログ」を読む人は「東京のカレー屋さんの情報を知りたい人」でしょう。カレー屋さんを探す人は「牛肉」や「豚肉」という"素材が何か？"ということよりも、「明日、渋谷に行くけど、おいしいカレー屋さんはないかな？」とか「今、新宿にいて、カレーを食べたいな」という人のほうが多いのではないでしょうか。

そう考えると、「東京カレー食べ歩きブログ」はテーマを「渋谷のカレー」「新宿のカレー」「品川のカレー」などのエリアで分けてあげたほうが、読者の人が喜ぶはずです。

一方で、「カレーレシピブログ」であれば「牛肉のカレー」「豚肉のカレー」「野菜のカレー」など、素材ごとにテーマを設定してあるほうが、読む人には便利ですよね。

同じ記事でも、目的によってテーマの付け方は変わってくる

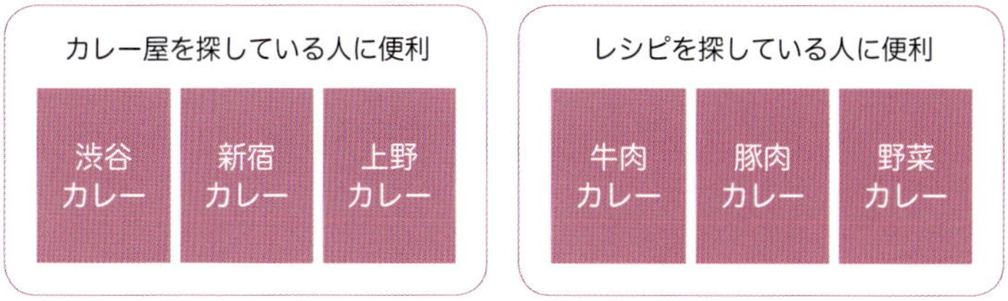

カレー屋を探している人に便利		
渋谷カレー	新宿カレー	上野カレー

レシピを探している人に便利		
牛肉カレー	豚肉カレー	野菜カレー

このように、「読者の人が知りたい情報はどちらか？」「便利なのはどちらか？」で考えてあげると、結局インターネットで"知りたい情報"を探している人にやさしいテーマ設定のやり方になります。

それに、「東京のカレー屋さんの情報を知りたい人」が検索エンジンでその情報を探すときは「渋谷　カレー」「新宿　カレー」などをキーワードとして検索することが多いでしょう。そのときに、そのテーマを設定してあげれば、検索エンジンでランクアップしてアクセスアップする可能性があります。

繰り返しますが、困ったときは「どちらのほうが読者の人が便利かな？」「どちらのほうが多くの人が知りたいかな？」と考えるようにしましょう。

テーマを作るのは記事ができてから

テーマは、記事ができてからつけるようにしましょう。たとえば「東京カレー食べ歩きブログ」で「上野　カレー」というテーマを作るタイミングは、実際に上野のカレー屋さんに行ったあと、記事を書くタイミングにしましょう。「いつか作るから」と思って作っておくと、中身がからっぽのテーマページができてしまいます。ここに読者の人が訪問するとがっかりさせてしまうので、中身ができてからはじめて作ることを心がけましょう。

なお、テーマとして設定できなかったもの（「東京カレー食べ歩きブログ」では「牛肉のカレー」や「インドカレー」など）は、ハッシュタグ（#）をつけることで分類できます。ハッシュタグをつけることで、ハッシュタグページからあなたのブログに来る人が増えるかもしれませんので、ぜひつけてみてください。

旬な話題を取り込もう

話題になっていることはよく検索される

「『芸能人の○○さんが結婚』というニュースが流れたら“○○”さんを検索してしまう」

「テレビで紹介されていた、とてもおいしそうな、“ラーメン屋××”を検索してしまう」

なんてことはありませんか？　私は、テレビで出てきた店や人をずっとスマホで検索していて、妻や子どもたちによく怒られます。

このような“今話題になっていること”を知りたい人、“今話題になっていること”を検索する人は非常に多いのです。

次のグラフは、検索エンジンGoogleで指定したキーワードがいつ、どのくらい検索されたかの目安を表す「Googleトレンド」で、サッカー元日本代表の「中村俊輔」選手の検索数を調べたものです。相対的な値を表すもので、期間中に最も検索が多かったポイントを100としています。

これを見ると、2017年の1月8日から1月14日にかけて、「中村俊輔」というキーワードでの検索が多くなっています。じつは、この時期に中村俊輔選手は横浜F・マリノスからジュビロ磐田に移籍をしています。そのため、「中村俊輔」というキーワードの検索数が一気に増えているのです。

もし、話題になっている“旬な”キーワードで検索したときに、あなたのブログが上がってきたらどうでしょうか？“旬な”キーワードで大量の人が押し寄せてくるに違いありません。実際に、こういう旬なキーワードでランクアップして、「1日に万単位のアクセスがあった！」というケースはときどきあるのです。

サッカー元日本代表の「中村俊輔」の検索数をGoogleトレンドで調べた結果

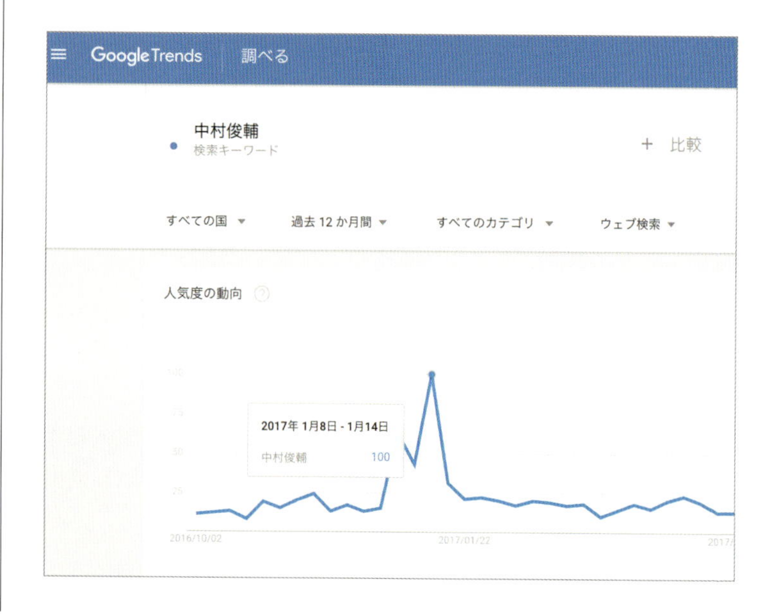

キーワードだけでなく中身も旬に

“旬な”キーワードで検索すると、“旬な話題”について書いてあるコンテンツが上位表示されやすくなります。かつて、「DAIGO」さんが24時間テレビのマラソンランナーになることが発表された際に、その話題を書いた記事が1日に10,000近いアクセスを稼いだことがありました。そのときに

「“DAIGO”という検索が増えるだろうから、DAIGOさんのプロフィールやエピソードなどをまとめた記事を書こう！」

と考えて記事を書いたとしても、検索結果が上がることはなかったでしょう。その話題になっていることについて書いてあったから、検索エンジンにその瞬間は評価され、ランクアップしたわけです。

旬なキーワードでアクセスが増えるのは、一瞬です。でも、そこからあなたのブログのファンになる人もいるかもしれません。
(旬なキーワードについては、より正確な情報を発信することが求められるようになってきているので、注意しましょう)

なお、このような検索エンジンからアクセスを増やすための一連の行動を、一般的にSEO（Search Engine Optimization：検索エンジン最適化）といいます。

chapter 2

記事はどう書いたらいいの？

書くことは決まりましたか？　途中で軌道修正してもかまいませんので、まずは書いてみましょう。

書くときも、書くことを決めるのと同じく、いくつかのポイントがあります。それらを押さえて書くことができれば、より多くの人に読んでもらえる可能性が高くなります。ぜひ、参考にしてみてください。

01 知りたいことを網羅してあげよう

「好みは人それぞれ」をふまえて、いろいろな人が満足できるように

書くことを決めたときに、「知りたいこと」に答えられるような記事・ブログにすることを考えたと思いますが、もう一度「知りたいこと」について考えてみましょう。さきほどの「渋谷のおいしいラーメン屋さんを知りたい人」の例をあらためて取り上げます。

さて、次の3人が「渋谷のおいしいラーメン屋さんを知りたい」と思っていたとします。

Aさん（男性）18歳　こってり好き　季節：冬

Bさん（男性）25歳　こってりもあっさりも好き
季節：夏

Cさん（女性）22歳　あっさり好き　季節：春

この3人が求めている情報は同じでしょうか？

漠然と「おいしいラーメン」と思っていても、人にはそれぞれ好みがありますし、そのときの気候や体調の影響もあります。

Aさんは、こってりした味が好きで、しかも季節は冬。同じラーメンでも、“とんこつラーメン”だったり、“こってりした味噌ラーメン”を求めている可能性が高いと思います。

Bさんの季節は、夏。「暑い日に熱いラーメンはちょっときついな」と思っているかもしれません。“冷やしラーメン”や“つけ麺”の情報を教えてあげたら喜んでくれるかもしれません。

Cさんは、あっさり好き。しかも、女性です。「油で床がつるつるしているラーメン屋さんはちょっとパス」と思っていそうです。おしゃれな今風のラーメン屋さんで、あっさりと透きとおったスープのしょうゆ味や塩味のラーメンを教えてあげたら役立ちそうです。

……と、人の好みも、検索しているときのシチュエーションも十人十色です。そんなさまざまなシチュエーション、さまざまな人が満足できる記事を書くことが、たくさんの人に読んでもらうための最大のポイントです。

とくに検索エンジンは、100人検索する人がいたら、その100人（に近い人）が満足できるような検索結果を返すことを目指しています。同じように、100人いたら100人が満足できる記事を書くことができれば、検索結果で上位に表示されて、たくさんの人に読まれることにつながります。

「渋谷のおいしいラーメン屋さんを探している」多くの人に満足してもらうには、豚骨ラーメンばかりを紹介しても、冷やしラーメンばかりを紹介しても、激辛ラーメンばかりを紹介してもダメで、いろいろなラーメンを紹介してあげるのが大事なのです。また、たくさんの人が見たがっていそうなお店の情報を入れてあげることも、満足度が高まるコツです。

"知りたいこと"と"伝えたいこと"がマッチするポイントを探るのも手

もちろん、本来あなたがオススメしたくないお店を入れる必要はありませんし、特定の人に満足してもらう記事を書くことも大切です。

「渋谷　冷やしラーメン」

「渋谷　きれいなラーメン屋」

など、特定の人が、より細かい条件で検索してくることも十分あります。必ずしも多くの人に満足してもらう記事を書こうとしなくても大丈夫です。

「検索する人の知りたいことと、あなたが伝えたいことがマッチするポイントを探って記事を書くことで、読者に満足してもらう」

それを意識しましょう。

その記事を読むメリットを考えよう

“ここにしかない情報”を入れよう

質問です。あなたは、どちらの記事が読みたいですか？

A：映画『君の名は』のあらすじや出演者の情報と感想を書いた記事

B：映画『君の名は』のあらすじや出演者の情報と感想および、映画を観る前に知っておくとより楽しめる情報とその仕入れ方を書いた記事

『君の名は』の記事、読みたいのはどちら？

「君の名は」を見に行った話 A	「君の名は」を見に行った話 B
あらすじ	あらすじ
出演者情報	出演者情報
感想	感想
	見る前に知っておきたいこと
	おすすめ映画館

Aはどこにでもありそうですが、Bのような記事はなかなか見ないですよね。そして、Aに比べてBのほうがよりいっそう役に立ちそうです。なにより、ここにしかない情報がありそうですね。

そうです、この"ここにしかない情報"がとても大切なのです。

映画やテレビドラマのあらすじや出演者は、だれが書いてもそんなに変わるものではありません。感想は人それぞれですが、みんな映画やドラマについての記事を書くときはふつうに書くことでしょう。でも、"その映画を観る前に知っておくとより楽しめる情報"はなかなかないと思います。この"ここにしかない情報"が、読むメリットになるわけです。

「そんな"ここにしかない情報"なんて持ってないよ!」

という方、安心してください。「感想はふつうに書く」と先に言っておいてなんですが、その感想をここにしかない充実したものにしてしまえばOKです。

「大好きな映画について感想を書いたら、
すごく長くなっていて、臨場感があるものになっていた」

「お気に入りのレストランを紹介していたら、
すごくくわしくて、いますぐ食べたくなるような
記事が書けた」

そんな経験をしたことがある人も多いのではないでしょうか。そういった、ほかの人以上の"愛情"を込めて感想や意見を書くことで、結果としてここにしかない情報になるものです。

"プラスアルファの情報"を入れよう

ハウツー系の記事を書いている人は、その記事そのものが"ここにしかない情報"になることがあると思います。ただ、すべてが"新発見の方法！"ではなく、「何かを参考にした結果、すごくうまくいったので、それを読者の人に伝えたい」ということもあると思います。その場合は、参考にした記事プラスアルファの情報を入れてあげることで"ここにしかない情報"になります。なお、その際は、参考にした記事に敬意を表して、リンクで紹介してあげるといいでしょう。

"ここにしかない情報"になりえるものには、次のようなものが考えられます。

- 自分の体験にもとづく、人よりも充実した感想、人と違った感想
- 自分の体験にもとづく、さまざまなものの比較
- 自分の体験にもとづく、生活の知恵やいろいろなコツ
- 記事の内容をよりくわしくかんたんに伝わりやすくする、自分で撮影・編集した画像や動画
- 自分の専門性にもとづいた知識や見解　etc…

やはり、「自分」ということがポイントになります。自らの体験や経験を、自らの言葉や画像などで伝えることで、“ここにしかない情報”に一歩近づけると思います。

ただ、いくら“ここにしかない情報”であっても、実際にやってみるとやり方によっては問題なこと、時に人体に危険を及ぼすようなことは書くのを控えたり、危険性についてきちんと記述したりするようにしましょう。

読まれる理由は「タイトルが9割」

タイトルだけで記事を選ばなければいけないケースは多い

どこかの本にありそうな見出しですが（笑）、「どの記事を読もうかな？」と考えている人が参考にするのは、そこに表示されている見出し（タイトル）です。「タイトルの良し悪しでアクセスされる、されないが決まってしまう」といっても過言ではありません。

Amebaトピックス（http://ametopi.jp/）であっても、アメブロのジャンルページであっても、検索エンジンであっても、そのページにはいくつかの記事が並びます。並んだものの特徴を表すのは、タイトルくらいしかありません。

Amebaトピックスではタイトルくらいでしか記事の特長を表せない

検索エンジンでは説明文も表示されますが、一番目立つのはやはりタイトルです。そのタイトルを見て、「どれが自分の知りたいことに答えてくれるかな？」「どの記事がおもしろそうかな？」と考えて、クリックするものを選びます。

「プチプラコーデ」の検索結果

表示されるところによって選ばれるタイトルが変わることも

“恵比寿にある「トラットリア Ameba」というイタリアンレストラン”のことを知りたい人がいたとします。この人は、次のどのタイトルをクリックする可能性が高いでしょうか？

1. 恵比寿　トラットリア Ameba
2. 恵比寿で見つけた美味しいイタリアン
   トラットリア Ameba
3. 恵比寿で見つけた絶品隠れ家イタリアン
   トラットリア Ameba

多くの方が「3」と答えると思います。Ameba トピックスやアメブロのジャンルページでは、「3」が選ばれる可能性が高いと思います。

ところが、検索エンジン上では意外と「1」のクリック率が高いのです。検索エンジン上には検索した単語がたくさん並びます。このケースでは「恵比寿　トラットリア Ameba」もしくは「トラットリア Ameba」と検索されるでしょう。

データから見ると、検索結果からのクリック率を高めるには、次の 2 点がポイントになっているようです。

・検索キーワードがドンピシャで入っている
・ほかの検索結果のタイトルと差がある

検索を意識するときは、検索される言葉を意識する

このケースのような“店名”や”エリア 店名”などで検索した場合は、検索結果の表示はさきほどの1、2、3いずれのパターンも考えられそうです。そうなると、結局検索キーワードがドンピシャに入るもののクリック率が上がりそうです。

アメブロでは、記事のタイトルを設定すると、「記事タイトル|ブログタイトル」になります。次の記事を例に見てみましょう。

https://ameblo.jp/ca-seo/entry-12140104002.html

http://ameblo.jp/ca-seo/entry-12140104002.html を表示したところ

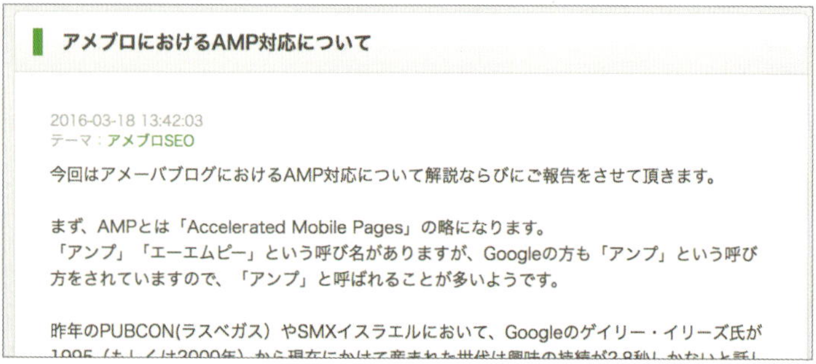

アメブロにおけるAMP対応について

2016-03-18 13:42:03
テーマ：アメブロSEO

今回はアメーバブログにおけるAMP対応について解説ならびにご報告をさせて頂きます。

まず、AMPとは「Accelerated Mobile Pages」の略になります。
「アンプ」「エーエムピー」という呼び名がありますが、Googleの方も「アンプ」という呼び方をされていますので、「アンプ」と呼ばれることが多いようです。

昨年のPUBCON(ラスベガス）やSMXイスラエルにおいて、Googleのゲイリー・イリーズ氏が

この記事の記事タイトルとブログタイトルは次のとおりです。

・記事タイトル
⇒「アメブロにおける AMP 対応について」

・ブログタイトル
⇒「CyberAgent SEO Information
(サイバーエージェント SEO 情報ブログ)」

なので、ページのタイトルは

「アメブロにおける AMP 対応について |
CyberAgent SEO Information
(サイバーエージェント SEO 情報ブログ)」

となります(長いですね……)。このページタイトルが、検索エンジンに認識されます。

選んでもらう、つまり検索結果の中でクリックされる確率を上げるためには、

「"知りたいことがわかる記事だ!"
と理解してもらえるタイトルをいかにつけるか?」

がポイントになります。そのためには、検索してくるであろうキーワードを想定して、そのキーワードを記事タイトルに入れてあげることが大事です。可能なら、その検索キーワードで検

索してみて、リスト化されたほかの記事と異なるタイトルにしてあげるといいでしょう。

なお、検索エンジンでは必ずしも記事のタイトルが検索結果に表示されるわけではありませんが、タイトルに書いてあることが表示される確率が高くなっています。

検索結果には記事のタイトルが表示される確率が高い

検索エンジンの検索結果から選ばれる、つまりはクリックされる率が上がると、表示順位が高まる傾向も一部では報告されています。また、一度クリックされたページは、その後もその検索者の検索結果には上位表示されやすくなる（パーソナライズドされる）傾向があります。クリック率を高めることは、単純にその時のアクセスが増えるだけでなく、その後の検索エンジンからのアクセスを増やすことにも役立つのです。

「クリックしたくなる画像」を最初に

“選ばれるタイトル”は、ソーシャルメディアでも大事です。ただし、ソーシャルメディアでのクリック率は、タイトル以上に画像に左右されます。アメブロでは、原則として記事に入れた最初の画像がソーシャルメディアに表示されるので、この画像をクリックしたくなるものにすることが大切です。

食欲をそそる画像でクリックされやすい

木村賢(Satoshi Kimura) @kimuyan · 9 秒

渋谷のお気に入りの老舗ラーメン店。香ばしい排骨とピリ辛でコクのあるスープの相性が抜群。
亜寿加

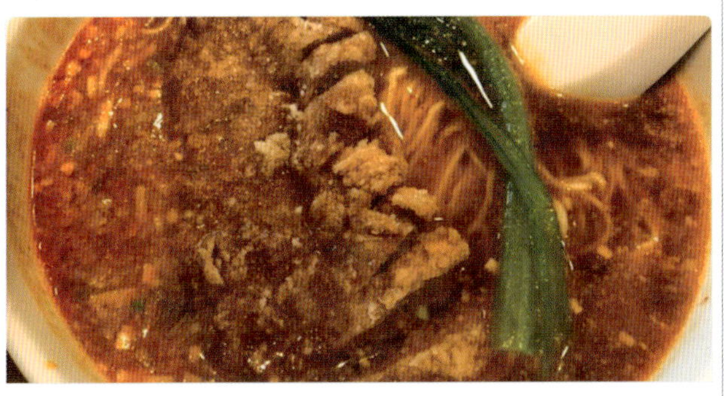

きむやん：亜寿加

久々に渋谷の老舗、亜寿加に訪問。安定の排骨担々麺。からウマです。

ameblo.jp

ソーシャルメディアでは、検索ではなく、タイムラインに記事が流れるのが基本です。そのときにクリックしたくなる画像を意識してください。

・グルメの記事
⇒　お店の外観よりもおいしそうな料理の写真

（実際にグルメブログを書いていると、時系列で書くことが多いため、1枚目の写真が外観ということが多いのです……）。

・少し難しいマーケティングの記事
⇒　イメージ画像よりも、興味をそそりそうなグラフ

・ちょっとした掃除のコツ
⇒　道具の画像ではなく、掃除箇所の掃除前の汚れたところや、その後の綺麗になったもの、もしくはその両方を1つにまとめたもの

掃除の画像は、汚れた画像に「こんなキッチン汚れがかんたんに綺麗になる方法」といったタイトルが横についていたら、クリック率が上がるかもしれませんね。

読みやすい記事にしよう

だれもが理解できる文章にするために気をつけたい２つのこと

“読みやすい文章”というと、どういうものを思い浮かべますか？

日本語として正しい文章？

教科書のような文章？？

新聞のような文章？？？

解釈は人それぞれかもしれませんが、インターネット上では、「だれもが読んで理解できる文章」が好まれるようです。

そのためには、前提として「正しい日本語である」必要があります。いわゆるギャル語（古い？）のような若者言葉や、極端な方言は、読み手を選んでしまい、“だれもが”読みやすい文章にはなりません。

論文や専門書に書かれている文章は読みやすいといえるでしょうか？　日本語としては正しくても、専門的な用語が多く使われていて、一般の人が“理解”するのは難しいでしょう。

インターネット上で読みやすく理解しやすい文章とは、「すべての人が読みやすく理解しやすい、消化しやすい文章」といえます。

すべての人が理解しやすい文章は、どのようにしたら書けるでしょうか？　答えは、次の２点に気をつけることです。

・読む人は、すべての用語がわかるとは限らない
・読む人は、漢字や横文字が苦手かもしれない

用語がわからない人のことも考える

ファッションに関するブログを書いているとします。読者の多くはファッションにくわしい人かもしれませんが、一部にはそれほどファッションにくわしくない人も見にくることがあるかもしれません。また、

「ガウチョパンツって何？」

「サッシュベルトって何？」

と思って検索する人もいるかもしれません。ファッション関連の言葉や話題は、わからないことがあっても

「“ダサイ”と思われるかもしれないから、
恥ずかしくて人に聞けない」

「“遅れている人だ”と思われたくないから、
いまさら聞けない」

と思う人が多いようで、そのために検索エンジンで検索して、その言葉の意味や話題が書かれているページを探すということがあるようです。

そんな人たちのためにも、読む人がすべての言葉を理解しているわけではないことを意識して、ときには言葉がわかるように解説してあげたり、画像で示してあげたりすると親切です。別に用語集のようなページを作って、そこにリンクをしてあげるのもいいでしょう。

漢字が多すぎると難しく感じさせてしまう

読む人みんながみんな漢字が得意とは限りませんし、ある程度の年齢の人からは横文字が理解しにくいこともあるかと思います。みんなが理解しやすいようにするためには、ひらがなを意識的に多めに使って、やわらかい表現をしてあげるといいです。

次の図は、アメブロの記事１万本を無作為に抽出して一般の方に評価してもらったものです。

S：最高・すばらしい
A：良い・役に立つ
B：普通
C：悪い・低品質
D：スパムの疑いあり
E：スパムである

となっています。

S～Cを見てわかるように、ひらがながある程度の割合入っているほうが、人の印象はよくなるようです。

ひらがながある程度の割合入っているほうが、
人の印象はよくなる

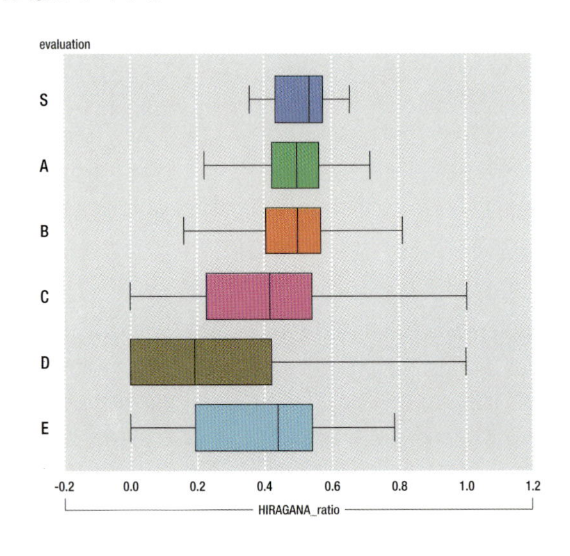

あなたも、新しく買った本や本屋さんで手に取った本を開いて、漢字ぎっしりで「うっ」と思ってしまった経験はないでしょうか？　私は多々あります（笑）。

私は、職業柄インターネットや統計の専門書を読むことがありますが、本屋さんで本を手にとると、無意識にひらがなが多い、“とっつきやすい”本を選んでいることが多々あります（なので、どうしても難しい本を読まないといけないときは、本屋さんに行って本を開くことをせずに、インターネットで買ってしまいます）。

最近では、マーケティングや心理学の本の中にも、文字だけでなく漫画をまじえて、よりかんたんそうに見せている本が増えていますよね。そういったことからもわかるように、ひらがながある程度混じった、やわらかい日本語を使った文章が、みんなに読みやすい文章といえるでしょう。

05 見やすい記事にしよう

「読みやすさ」とは文章の書き方ですが、「見やすさ」はぱっと見たときに「見やすい」と思えるかどうか、すなわちデザインに近い部分になります。ブログのデザインは好きなブログスキンを選んでもらえればいいのですが、記事を書く際にも見やすくするコツがあります。

「ポエムのように見えておしゃれ」は読みやすくない

まずは、改行の仕方について考えてみましょう。次の２つの書き方では、どちらのほうが見やすいでしょうか？

今日は良い天気だったので、ベッドカバーを洗濯しました。

今日は
良い天気だったので
ベッドカバーを
洗濯
しました

スマートフォンでもブログを更新できるようになって、後者のように頻繁に改行をするブログが増えてきました。「ポエムのように見えて見た目がおしゃれ」と思う人もいるかもしれませんが、読む側からしたら決して読みやすいものではありません。

読みにくいブログは、あなたが思っている以上に、読者が途中で読むのをやめてしまう傾向にあります。改行を多めに入れたい場合でも、「。」ごと、どんなに短くても「、」での改行程度にとどめましょう。

むしろ最近は、パソコンよりもスマートフォンから見られることが多くなっているので、段落以外では改行しないほうが読みやすいケースもあります。

その段落も、細かく区切りすぎるのは問題です。段落が区切られると、読むほうもひと休みします。ひと休みしてそのまま読むのをやめてしまうことがないよう、必要以上に段落を区切るのはやめておきましょう。

行間を空けすぎないようにしよう

改行や段落を変えるときに、余白（空行）を入れる方もいます。この余白にも注意が必要です。

今年の夏休みは石垣島に行きました。
青い海と青い空に親子ともども羽根を伸ばすことが
できました。
明日からまたお仕事がんばります。

今年の夏休みは石垣島に行きました。

青い海と青い空に親子ともども羽根を伸ばすことが

できました。

明日からまたお仕事がんばります。

どちらのほうが読みやすいでしょうか？

適度に余白が空くぶんには読みやすくなることがあります（キツキツに詰まっているよりは、少し余白があるほうが読みやすいですよね）。ですが、余白が空きすぎると、前後関係がわかりにくくなり、とても読みにくくなります。また、検索エンジンも文章のつながりとして読み取れなくなる可能性があります。そうなると、検索エンジンからの評価も下がってしまい、アクセスが減ってしまうかもしれません。

アメブロの場合、空行を入れてしまうと、特にスマートフォンで大きく余白が空いてしまうことになるので、注意してください。

改行、段落、余白、いずれにしても「空けすぎない」「切りすぎない」がポイントです。意味としてまとまりのある文章や段落などは、1つのまとまりとしてパッと見で認識できるようにまとめてあげて、せっかく書いたブログを読者の人に最後まで読んでもらえるようにしましょう。

06 スマートフォンでの読みやすさを意識しよう

読者の多くはスマートフォンで見ている

あなたのブログには、パソコンからのアクセスとスマートフォンからのアクセス、どちらのほうが多いですか？

おそらく、大半の人のブログは、スマートフォンからのアクセスが多いと思います。アメブロ全体でも、約70%のアクセスがスマートフォンになっています。

Googleの検索もすでに、パソコンからの検索よりもスマートフォンからの検索のほうが多くなっているとGoogleが発表しています。そんな中では、パソコンでの見た目や使い勝手ばかり考えていても、少ない人のためにしかならなくなってしまいます。

今は、スマートフォンでの見やすさや、使いやすさが非常に重要になっています。アメブロでも、スマートフォンでの使い勝手を優先した開発体制をとっており、2～3年前からはおもにスマートフォン関連の機能や、スマートフォンでの見やすさを追求しています。さきほども、「アメブロの場合、空行を入れてしまうと、特にスマートフォンで大きく余白が空いてしまう」とお話ししましたが、読みやすさについてはスマートフォンをとくに意識する必要があります。

アメブロでは、パソコンでもスマートフォンのアプリでも、更新のときにはスマートフォンで見た状態のものをプレビューすることができます。記事を公開する前に「自分の書いたブログがスマートフォンでも読みやすいのかどうか？」を一度確認してみるといいでしょう。

文字の大きさに注意

スマートフォンでの読みやすさで注意しておきたい点があります。

まず１つは、「文字の大きさに注意する」こと。ブログを更新した時に文字サイズを小さくしてしまうと、パソコンではそこまで小さく見えなくても、スマートフォンでは非常に小さくなり、見にくくなってしまうことがあります。筆者も老眼が始まり（汗）、最近はスマートフォンでWebサイトを見るときに小さな文字だと見えにくいことが多々あります。ブログを読んでくれる人は若い方から年配の方まで幅広くいらっしゃるので、みんなが読みやすいように、文字サイズはあまり小さくしすぎないようにしましょう。

一方で、文字サイズを大きくしすぎても、頻繁に改行が入り、読みにくくなってしまいます。本文は標準サイズくらいを基本として、大きな文字は見出しや重要な部分を中心に使うようにしましょう。

スマートフォンでリンクはタップしやすい？

もう１つは、リンクについてです。

パソコンでは、マウスやトラックパッドでカーソルを操作してリンクをクリックするのが一般的です。画面も大きいですし、マウスであれば比較的細かい移動もできます。一方で、スマートフォンの場合は、画面をタップすることでリンクをクリックします。その際に、リンクできる場所同士が上下左右で近すぎると、タップしたいリンクがタップできずに、別のリンク先に移動してしまう可能性があります。

特に指が太い人や、冬場に（スマートフォンが操作できる）手袋をしている人にとっては、操作が難しいことがあります。リンクの位置は、なるべく離してあげるようにしましょう。

"ギガが減る"と嫌われる

パソコンでは高速なインターネット回線につないで見ていることが多いと思いますが、スマートフォンではどのような状況で見ているかわかりません。高速無線LANで接続しているときはいいのですが、携帯電話の電波を使って接続していることもたくさんあります。

その場合、極端に重い画像や外部のモジュール類は、表示を極端に遅くしてしまう可能性があります。それに、データ通信量が消費される、若者的にいうと"ギガが減る"ので、それだけでも嫌がられそうです。

表示速度が遅いことは、"使いにくさ"の最たるものです。実際に、表示に3秒以上かかるWebページの場合、40%の人が待たずに帰ってしまうというデータがあるくらいです。あなたも、表示が遅いブログやサイトはイライラしませんか?

アメブロそのものの表示速度は日々改善していますが、自分のブログでも表示を遅くする原因になるようなものをつけるのはなるべく避けるようにしましょう。

自分のブログがスマートフォンで見やすいものになっているかどうか？　普段はパソコンでブログを更新していたり、読んでいたりする人も、一度自分のブログをスマートフォンで見て、読みにくくないかどうかを確認してみてください。

07 画像や動画を入れよう

画像が多い記事は好かれる傾向が

　記事の要素は、文章だけではありません。記事をわかりやすくしたり、より楽しいものにしたり、彩りを添えたりするのに、画像や動画は欠かせません。実際、アメブロを見た読者さんにその記事の評価をしてもらうと、画像が多い記事のほうが評価が高いという結果が出ています。

画像枚数が多いページのほうが評価が高くなる

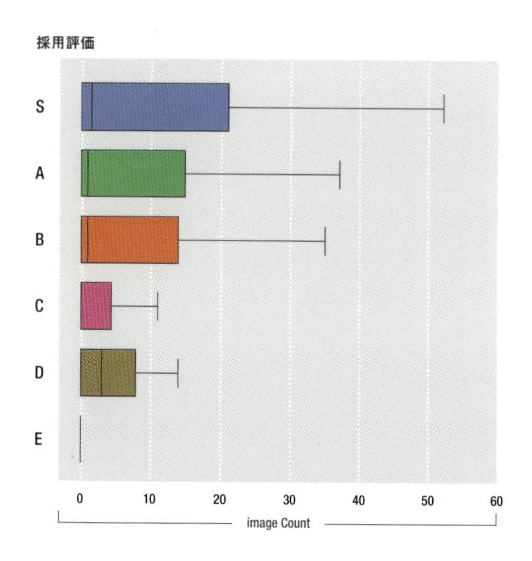

「文字ばかりの長い文章を読んでいると飽きてしまう」ということはよくあるでしょう。とくに自分になじみが薄いことや、「あまり得意なところではないけれど、今どうしても必要で知らなければいけない」という場合には、文字だけのブログ記事はきびしく感じてしまい、読むのを途中でやめてしまうことがあるかもしれません。そういった"離脱"を防ぐためにも、画像や動画はとても重要な要素です。

その記事を魅力的にする画像や動画を

では、画像や動画はなんでも入れておけばいいのでしょうか？

もちろん、違います。その記事をよりよいものにする画像や動画を入る必要があります。

たとえば、「洗濯ものをすばやくきれいにたたむ方法」の記事を書いたとします。そのような記事は、文章だけでは伝わりにくいですよね。1回1回たたみ方をくわしく説明するような場面ごとの写真と、全体を通しての動画があれば完璧でしょう。

おいしい焼肉屋さんに行った記事ならば、文章中心で「カルビ」の写真をあげただけのものよりも、「タン」「ハラミ」「ロース」「ビビンバ」なんかも載っていたほうがお腹が空きそうですよね。

過剰に入れすぎて逆効果にならないよう注意

あまり過剰に画像を入れすぎると、表示が遅くなったり、逆に文章が読みにくくなったりすることがあるので、注意が必要です。ただ、5枚から10枚くらいの画像であれば、積極的に入れてしまっていいと思います（記事全体の長さにもよりますが）。

一方で、動画は、極端に短いものは別として、たくさんあってもすべて再生してくれる人は多くないので、1～2個程度に抑えておくのがいいでしょう。

画像は、表示速度を速くするためにも、ほかのサイトにあるものに直接リンクして表示するのではなく、アメブロにアップロードして表示させることをおすすめします。
（もちろんですが、画像の無断転載は厳禁です）

ちなみに、「画像や動画が多いと読む人が喜ぶから」といって、画像や動画だけのページを作ることはおすすめできません。とくに検索エンジンは、まだ画像や動画の中身を検索結果に直接反映させることが難しく（画像検索や動画検索を除く）、文字の情報を重視します。画像や動画は、文字で情報を補足することによって、読者がより理解を深められたり、より楽しめたりするように意識しましょう。

芸能人のブログは「ありのまま」でいい理由

「この本に書いてあることって、芸能人の人気ブログとは全然一致しないよね。画像しかないような記事もあるし、1つのテーマで書いてないし……」

たしかにそうですよね。それはなぜでしょうか？

答えを知るには、芸能人のブログではどうやって読者の方が訪問するかを考えてみてください。

「好きな芸能人をブックマークして、そこから行く！」
⇒ はい、正解です。

「芸能事務所の公式サイトのリンクをクリックして
たどりつく」
⇒ はい、正解です。

「芸能人の公式 Twitter で、更新のお知らせを見てリンクを
クリックしてたどりつく」
→はい、正解。おめでとうございます。

「芸能人の名前を検索してたどりつく」
→はい、正解です！

たぶん、ほとんどの方が正解したはずです（笑）。

つまり、「そのブログがあることがわかっていてたどりつく」もしくは「“ないかな？”と思って検索してたどりつくブログ」なのです。要するに、“指名”ですね。

芸能人ではない一般のブログでも（アメブロでいえばトップブロガーに属されるブログなど）、指名で訪問する読者の方がたくさんいるブログはあります。しかし、大半のブログの読者は、指名ではなくて、通りすがりの人や「情報を探していて、たまたま見つけた」という方が大半です。この本は、「通りすがりの人に、いかに興味を持ってもらうか？」「情報を探している人に、いかに見つけてもらうか？」をおもに解説しているので、芸能人ブログとは事情が違うものになっています。

芸能人ブログは“指名”でくるお客さん向けなので、芸能人の発信したい情報がありのまま発信されていれば、それでOKなのです。

「あの人は、今日は何していたのかな？」
「あの人の写真を見たいな」
「更新してないかな？」

と、ブログの中身から何か情報を得る以上に、その人のブログを読むこと、見ることそのものが、読む方の目的なのですから。その人がブログをやっていること、書いていること自体に価値があるので、ありのままに何を書いてもアクセスは集まるのです。

そのため、検索エンジンから来るキーワードのほとんどはその「芸能人の名前」だったり「グループ名」、「芸能人の名前＋ブログ」になっています。

もちろん、検索エンジンを欺くスパム行為をおこなってしまったり、極端に使いにくい・読みにくいブログになってしまうと、芸能人だろうと一般だろうと、分け隔てなく検索順位は下げられてしまうので、その点だけは注意が必要ですけどね。

chapter 3

検索エンジンに好かれるようにする

これまで、「たくさんの人に記事を読んでもらうには、検索エンジンに好かれることが大事」だとお話ししてきました。では、検索エンジンから好かれるにはどうしたらいいでしょうか。

大前提として、検索エンジンから好かれるには、人に好かれることです。なぜなら、検索エンジンは、ユーザーに長く、たくさん使ってもらうことを目指して、日々改良されているからです。

長く、たくさん使ってもらう検索エンジンになるには、検索した人が「この検索結果はよかったな」「この検索結果、役に立ったな」と思ってくれなければなりません。「よかったな」「役に立ったな」と思ってもらうには、検索結果に並んでいるWebページが、検索した目的や検索するときに困っていることを解決するものでなければなりません。

01 人の評価が検索エンジンの評価

検索エンジンはユーザーにとっていい検索結果を作りたい

「よかったな」「役に立ったな」と思ってもらえる検索結果を返すから、また使ってもらえる

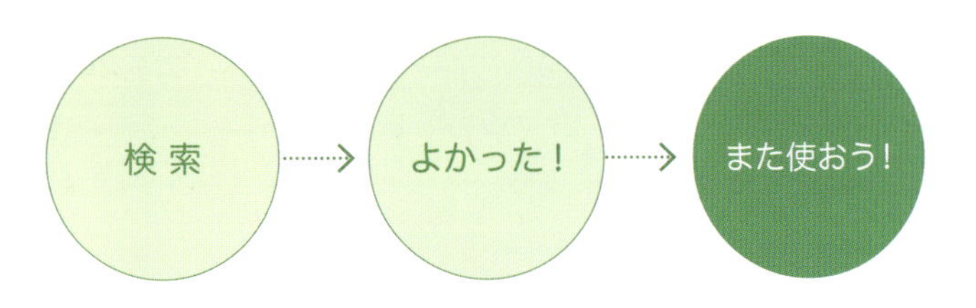

たとえば、「花粉症　対策」という検索をする人は、きっと花粉症に悩まされていて（ひょっとしたら、自分ではなくて家族がかもしれませんが）「何か花粉症の症状を抑える方法はないだろうか？」と情報を探しにきていると思います。

そこに「花粉症の症状を抑える方法なんてない！　我慢しろ！」という記事が検索結果に出ていたらどうでしょう？

一見、花粉症に効く飲み物を紹介しているけれど、信ぴょう性に欠け、高額なその商品を最終的には売ろうとしている記事が出てきたらどうでしょう？

　はたまた、花粉症の対策ではなくて、腰痛対策の記事が出ていたらどうでしょうか？

　検索した人は、きっと

「この検索結果はおかしい」
「この検索結果は使えない……」
「検索エンジン、役に立たない！」

と思って、検索することが減ってしまうでしょう。そうならないように、検索エンジンは検索した人の課題を解決できる情報を提供するようにがんばっています。それは、つまり、「人がいいと思うもの、人が役立ったと思えるページを上位に出す」ともいえます。

「人に好かれる」は 検索エンジンにも好かれる？

　そのため、ブログを書くときは、検索エンジンに好かれようとするよりも、まずは人に好かれようとしてください（別に媚を売るわけではありませんが）。

　仮に検索エンジンだけにすごく好かれるテクニックがあったとしても、それが“人にはちょっと嫌われそうなこと”だったとしたら、やるべきではありません。最終的に、検索エンジンはそういうポイントをどんどん直していくからです。検索エンジンが人の好みに合わせようと一生懸命になっている今、まずは人に好まれる記事を書き、人に好かれるブログになるようにしてください。

じつは2015年くらいから、Googleは「ユーザーの行動を検索結果に反映させる」ということを発表しています。検索した人がすぐに逃げてしまうようなページや、検索をやり直してしまうようなページは、一度検索上での順位が上がっても、すぐに落ちてしまう傾向がすでに見られています。そういった意味でも､検索エンジン以上に「人に好かれる」ことが重要になっているわけです。

では、人に好まれる、とくに検索エンジンで検索してあなたのブログに来る人に好かれるにはどうしたらいいのでしょうか？

それは、1章でお伝えしたとおり、検索している人がかかえている“困っていること”を解決してあげたり、“こうしたいと思っている目的”を達成してあげたりすることです。まずはそういうブログ・記事でなければ検索エンジンに好かれることはないと考えてもらってかまいません。

検索エンジンに理解しやすい言葉で書こう

検索エンジンの中には“ちっさいおっさん”がいる？

2章で「ギャル語や極端な方言はみんなが理解できる言葉ではない」と書きましたが、みんなが理解できる言葉でなければ検索エンジンも理解できない可能性があります。イメージとしては、検索エンジンの中には“ちっさいおっさん”がいると思ってもらっていいと思います(笑)。きっと、ちっさいおっさんは、みなさんが普通に話す言葉は理解できますが、女子中高生が話すような言葉は理解できないでしょう。最近やっと「やばい」という言葉が「すごい」みたいな意味で使われるということを理解したばかりかもしれません。

この“ちっさいおっさん”は、難しい専門用語を理解するのもちょっと厳しそうです。たとえば、最近胃が痛くなって、心配になって見てみたサイトが、医療機関の作ったとても難しいページで

「胃酸過多の可能性があり、胃壁が xxx で潰瘍が xxxxx」

などと書かれていたら、理解しにくいですね。そういう分野に

くわしい人でないと理解するのが難しそうなコンテンツは、「胃が痛くて心配。なんの病気の可能性があるんだろう？　どうしたら治るだろう？」という課題を持った人の検索結果、たとえば「胃痛」「胃痛　病気」「胃痛　解消」などの検索結果では出てきにくくなってしまうのです。

ふつうの人が検索してきそうなキーワード、ふつうの人が困っていそうな問題に答えるコンテンツは、ふつうの人が理解できるような、話し言葉に近いやわらかい言葉で記述してあげるようにしてください。

専門家向けのブログは、専門性高く

一方で、専門家向けに書いているブログについては、検索エンジンの中にいるちっさいおっさんを意識する必要はありません。医者向けなら医者に、エンジニア向けならエンジニアに役立つことを意識して書くようにしてください。検索エンジンを意識することなく、その人たちが感心するような、とんがったブログ・記事を書いてかまいません。

検索エンジンでは一般人向けの答えしか出てこないのがふつなので、専門家は専門的な回答が出るように検索することが多いはずです。たとえば

「○○　論文」
「○○　ホワイトペーパー」

など、専門性が高く信頼性の高い情報が出てくる検索技術を身につけていると思われるからです。なにより、専門家向けの記事は、かんたんすぎてしまったらその人たちに満足してもらえないですからね。

検索エンジンは人と同じ目を持っている?

2章で「改行を入れすぎると読みにくい」と書きましたが、人と同じで、検索エンジンも改行が入りすぎると読みにくくなってしまうことがあるようです。

検索エンジンは、今や人間に近いレベルで文章を読みとって、何について書いてあるか判断しています。その文章を読むときに改行が入りすぎると、ひとつづきの文章ととらえにくくなってしまい、文章の意味をうまく読みとれなくなるおそれがあるためです。

すこし難しい話になってしまうかもしれませんが、改行をしたときに改行をしめす
 という HTML タグではなく、<p> という段落を変えるタグが入ってしまうと、ひとつづきの文章としてはとらえられなくなってしまう可能性があるので注意しましょう。

人にとって見やすければ、検索エンジンにも見やすい

一方で、「改行すると検索エンジンが読みにくそうだから」と、改行をまったく入れずに書くのも考えものです。とくにスマートフォンでの読者が多くなっている今、改行のない文章は、それはそれで読みにくいものです。1文ごとの改行や、文のまとまりで改行など、人にも検索エンジンにも読みやすい改行を心がけましょう。

さきほども説明したように、検索エンジンの「目」は人の「目」に近づいています。昔は、検索エンジンはHTMLソース（パソコンでWebサイトを見ているときに、右クリックから「ソースを表示」などで見られるもので、Webサイトを形作っている元のデータ）を読んでいたのですが、今はHTMLソースだけでなく、人が見たものと同じ“レンダリング”（Chrome、Safari、Internet Explorer、Edgeなどのブラウザが HTMLソースを人が見える形に変えて見せること）した結果を見ています。そうなると、「極端に小さい文字は読みにくい」とか「いろんな色を使っていると目がチカチカする」という基準になるかもしれません。

このあたりは、「検索エンジンのために何か気をつける」というよりも、完全に「人が見やすいか？」という基準で注意していきましょう。

「アメブロにおけるAMP対応について」の記事のHTMLソース
(https://ameblo.jp/ca-seo/entry-12140104002.html)

```
<!doctype html>
<html lang="ja" class="columnB fixed" xmlns:og="http://ogp.me/ns#">
<head>
<!--base_skin_code:new,skin_code:wu_pf_cssedit,default_custom_code:-->
<meta charset="UTF-8" />
<meta http-equiv="X-UA-Compatible" content="IE=edge" />
<meta name="referrer" content="origin">
<meta property="fb:app_id" content="311629842256842" />
<meta property="og:locale" content="ja_JP" />
<meta property="og:title" content="『アメブロにおけるAMP対応について』" />
<meta property="og:type" content="article" />
<meta property="og:url" content="https://ameblo.jp/ca-seo/entry-12140104002.html" />
<meta property="og:image" content="https://stat.ameba.jp/user_images/20160317/15/ca-seo/0d/86/p/o0800142213594520165.png"
<meta property="og:site_name" content="CyberAgent SEO Information (サイバーエージェントSEO情報ブログ)" />
<meta property="og:description" content="今回はアメーバブログにおけるAMP対応について解説ならびにご報告をさせて頂きます。&amp;#xa0;まず、AMP
<meta property="al:ios:url" content="jpameblo://ameblo/ca-seo/entry/12140104002">
<meta property="al:ios:app_store_id" content="349442137">
<meta property="al:ios:app_name" content="Ameba">
<meta property="al:android:url" content="jpameblo://ameblo/ca-seo/entry/12140104002">
<meta property="al:android:package" content="jp.ameba">
<meta property="al:android:app_name" content="Ameba">
<meta name="twitter:card" content="summary_large_image" />
<meta name="twitter:url" content="https://ameblo.jp/ca-seo/entry-12140104002.html" />
<meta name="twitter:title" content="CyberAgent SEO LAB:アメブロにおけるAMP対応について" />
<meta name="twitter:description" content="今回はアメーバブログにおけるAMP対応について解説ならびにご報告をさせて頂きます。&amp;#xa0;まず、AMP
<meta name="twitter:image" content="https://stat.ameba.jp/user_images/20160317/15/ca-seo/0d/86/p/o0800142213594520165.png
<meta name="twitter:app:country" content="JP">
<meta name="twitter:app:name:iphone" content="Ameba">
<meta name="twitter:app:id:iphone" content="349442137">
<meta name="twitter:app:url:iphone" content="jpameblo://ameblo/ca-seo/entry/12140104002">
<meta name="twitter:app:name:googleplay" content="Ameba">
<meta name="twitter:app:id:googleplay" content="jp.ameba">
<meta name="twitter:app:url:googleplay" content="jpameblo://ameblo/ca-seo/entry/12140104002">
<meta name="keywords" content="アメブロにおけるAMP対応について,アメブロSEO,CyberAgent SEO Information (サイバーエージェントSEO情報ブログ),
<link rel="alternate" href="android-app://jp.ameba/http/ameblo.jp/ca-seo/entry0-12140104002.html" />
<link rel="alternate" href="ios-app://349442137/jpameblo/ameblo.jp/ca-seo/entry0-12140104002.html" />
```

03 検索エンジンが記事の内容を理解するのを助ける

「検索エンジンは人の目に近づいている」とはいっても、まだ完璧に人と同じように読んで理解できるわけではありません。そこで、いくつかのことに気をつけると、検索エンジンがブログ記事の内容を理解しやすくなります。

「何が書かれているか」を記事のタイトルで教えてあげよう

まずは、タイトルです。2章で「選ばれやすいタイトルをつけよう」と書きましたが、それとともにタイトルにその記事のメインテーマとなるキーワードを含めると、検索エンジンは「何が書いてあるか？」を理解しやすくなります。アメブロでは、記事のタイトルがそのままページのタイトル（ブラウザの上部の枠やタブなどに表示されるもの）に含まれるようにできています。

検索エンジンは、ページのタイトルを「そのページには何が書かれているのか？」を理解するための大きなヒントとします。検索エンジンを意識するのであれば、メインテーマとなる言葉、すなわち「そのブログ記事に一番来てほしいキーワード」をブログ記事のタイトルに含めるようにしましょう。

たとえば「重曹を使うと換気扇がかんたんにきれいになる」ということを記事に書きたいとします。この記事を必要としている人は、

「換気扇が汚れているからきれいにしたいなあ」

と思っている人でしょう。

「換気扇が汚れているので“すごく”きれいにしたい人」
「換気扇が汚れているので“かんたんに”きれいにしたい人」

も多いと思われます。

「換気扇が汚れているので“ちょっとだけ”きれいにしたい」
「換気扇が汚れているので“すごく苦労して”
きれいにしたい」

という人は稀でしょう。

また、一部には

「重曹を使うと換気扇がきれいになるって聞いたんだけど、
どうやってやるのかな？」

という、より具体的な疑問を持っている人もいるかもしれません。

この人たちが求めている情報から、「どんな検索をするか？」

を想像してみましょう。

「換気扇　掃除」
「換気扇　掃除　かんたん」
「換気扇　重曹」

などなど、いろいろなパターンが考えられますが、より多くの人に、そしてよりこの記事を求めている人に検索で届けられるようにするには「換気扇」「掃除」「重曹」ははずせないキーワードでしょう。そこに「かんたん」や「きれい」が入ればなおよし、という感じでしょうか。

これらをふまえると、おすすめの記事タイトルは、

「重曹をつかって換気扇をかんたんに掃除する方法」
「換気扇掃除は重曹を使えばかんたんきれい」

などが考えられます。

「換気扇掃除をかんたんにするのは重曹だった」
「重曹は換気扇掃除までかんたんにする」

などでもいいでしょう。

「換気扇は重曹でピカピカに！」
「換気扇をきれいにするのに使える家庭にある白い粉」

など、「掃除」を「ピカピカに」とか「きれいにする」に言い

換えても、Googleは意図をおおむね読みとってくれるようになりました。ただ、それでも“完璧”とはいえないので、検索エンジンを強く意識したい、検索エンジンからのアクセスをどうしても伸ばしたいということであれば、「掃除」という直接的な表現を使ってしまうほうが安全ではあります。

なお、「白い粉」＝「重曹」まで考慮されるかというと、疑問です（興味はそそられるタイトルにはなると思いますが……）。タイトル以外の文章内で「この文章は“重曹”を使って、換気扇を掃除する方法を紹介しているな」と理解はするでしょうが、だからといってタイトルの「白い粉」を意訳して「重曹」とまでは解釈してくれないと思われます。

見出しで理解を助けよう

タイトルと同様に、見出しにもその見出し以下の節のテーマを入れると効果的です。

たとえば「新しいiPhoneを使ってみた感想」を記事にする場合に、「新しいiPhoneの良かったところ」「新しいiPhoneの悪かったところ」を書くとします。この場合、見出しに「良かったところ」「悪かったところ」とこれから書くテーマを入れてあげることも、検索エンジンが「何を書いてあるか？」を理解しやすくなるための方法の1つです。

見出しにこれから書くテーマを入れてあげる

新しいiPhoneを使ってみた感想

新しいiPhoneの良かったところは ……

新しいiPhoneの悪かったところは ……

新しいiPhoneを使ってみた感想

■新しいiPhoneの良かったところ

■新しいiPhoneの悪かったところ

そのほか、段落の頭にその段落のトピックとなるキーワードを持ってくると検索エンジンが理解しやすくなるという説もありますが、そこまで気にする必要はないでしょう。

更新回数を増やそう

なぜ、更新頻度が増えるとアクセスが増える？

「更新回数を増やすと、検索エンジンでのランクが上がりますか？」

とよく質問されます。正直、回答には迷うのですが、直接答えずに「検索エンジンからのアクセスは増えると思います」と答えています。

なぜ、更新回数を増やすと検索エンジンからのアクセスが増えるのでしょうか？

1つは、単純に記事が増えることで、より多くの検索意図や検索キーワードに対応する可能性が広がるからです。

私もかつて、ラーメンの食べ歩きブログ（もちろんアメブロです）を必死で更新していたことがありました。ラーメンの食べ歩きブログは、書けば書くほど（食べれば食べるほど、太ればる太るほど……）検索エンジンからのアクセスが増えていきました。これは、ラーメン屋さんに行った感想と、そのラーメン屋さんの情報をブログ記事にすることで、

「赤羽　大勝軒まるー」
「渋谷　はやし」
「恵比寿　AFURI」
「富山　喜楽」
「宮崎　豚骨ラーメン　おすすめ」

など、とにかくブログに来る入口となるキーワードが増えていったからです。ブログに来てくれるキーワードが増えれば、ブログ全体の検索エンジンからのアクセスは自然に増えていきます。私は、この現象にはまってしまい、「ブログのアクセスを増やしたくて、ラーメンを食べ続ける」という生活を送ってしまいましたが、そのくらいにアクセスが伸び続けるケースもあるのです。

新しい情報が求められる場合も？

もう１つ言われているのは、「頻繁に更新されていると、検索エンジンも頻繁に読みに来てくれて、評価が上がる」というものですが、これはちょっと都市伝説的な部分もあると思います。たしかに、頻繁に更新されれば新しい記事を読みに検索エンジンは多く来てくれます（実際、アメブロでは仕組み上そうなるように努力しています）。だからといって、単純に「更新が多いから、このブログはいいブログだ！　よし、順位を上げてやろう！」とはならないと思います。

一方で、まったく更新しないブログは、テーマにもよりますが、どんどん評価が下がっていく傾向にあります。

たとえば、サッカー日本代表をウォッチして、いろいろな情報や感想などを書いているブログがあったとします。数年前から更新が滞っていて「日本代表　スタメン予想」と検索して中田英寿さんや、中村俊輔さん、中澤祐二さんなんかが並んでいたらどうでしょうか？

「懐かしの日本代表」
「過去最強の日本代表」

とかいう検索で出てくるのはいいですし、実際にそういう検索では古い記事が上にくることはあるのですが、「日本代表　スタメン予想」という検索のほとんどには“今”の情報が求められます。そのような検索の際には、基本的には新しく更新された記事しか出にくくなっています。

そういった意味では、「更新回数を増やしたほうがブログの評価が上がる」といえなくはないのかもしれませんが、どちらかというと「更新しないブログが落ちやすい」というほうが正解かもしれません。

05 Google目線で見てみよう

「検索エンジンはあなたのサイトをどう見ているのか？」

　それを知るヒントになるツールがあるのをご存知ですか？

「Google Search Console」と呼ばれるものです（昔は Google Webmaster Tool といわれていました）。

　検索エンジンからのアクセスを増やす、すなわち SEO をおこなうには必須のツールなので、ぜひ活用してみてください。

　なお、Search Console の画面は、2017 年 10 月現在のものになっています。今後、画面や機能に変更があることが予告されています。

Search Console を設定しよう

Search Console を使うには、まず設定が必要です。はじめて Search Console を使う場合は、次の URL にアクセスします。

　https://www.google.com/webmasters/tools/

ブログのトップページの URL を入力して、「プロパティを追加」をクリック

アクセスすると、上のような画面が表示されます。ここに、ブログのトップページの URL を入力し、「プロパティの追加」をクリックします。

すると、所有権を確認する画面になります。これは、ブログの管理者以外が勝手に Search Console でさまざまな設定をできないようにするためです。

所有権の確認

Google

Search Console

https://ameblo.jp/ca-seo/. の所有権を確認します。詳細

おすすめの方法　別の方法

推奨: HTML ファイルをアップロード

HTML ファイルをサイトにアップロードします。

1. この HTML 確認ファイル（google　　　.html）をダウンロードします。
2. 確認ファイルを https://ameblo.jp/ca-seo/ にアップロードします。
3. ブラウザで https://ameblo.jp/ca-seo/google　　　html にアクセスして、アップロードが正しく行われたことを確認します。
4. 以下の [確認] をクリックします。

確認状態を維持するには、確認が完了しても HTML ファイルを削除しないでください。

私はロボットではありません　reCAPTCHA　プライバシー - 利用規約

確認　後で行う

この画面が開かれた際には、「別の方法」のタブをクリックし、「HTML タグ」にチェックを入れてください。

そうすると、次のような表示が出てきます。

<meta name="google-site-verification" content="xxxxxxxxxxxxxxxxxxxxxxxxxxxxxxx" />

content= 以下の部分をコピー

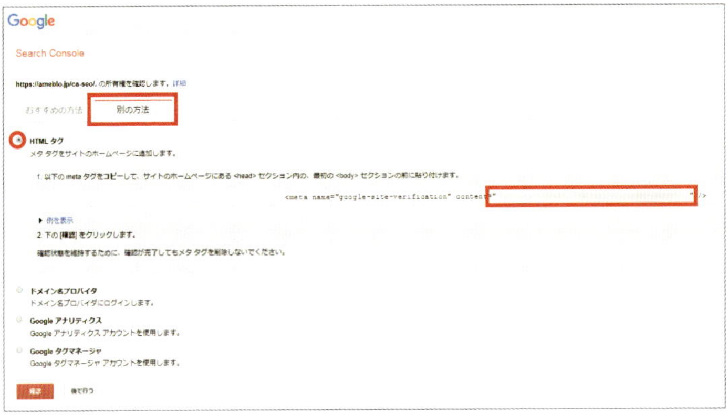

Google

Search Console

https://ameblo.jp/ca-seo/. の所有権を確認します。詳細

おすすめの方法　別の方法

HTML タグ
メタ タグをサイトのホームページに追加します。

1. 以下の meta タグをコピーして、サイトのホームページにある <head> セクション内の、最初の <body> セクションの前に貼り付けます。

<meta name="google-site-verification" content="　　　" />

▶ 例を表示
2. 下の [確認] をクリックします。
確認状態を維持するために、確認が完了してもメタ タグを削除しないでください。

ドメイン名プロバイダ
ドメイン名プロバイダにログインします。

Google アナリティクス
Google アナリティクス アカウントを使用します。

Google タグマネージャ
Google タグマネージャ アカウントを使用します。

確認　後で行う

この「xxxxxxxxxxxxxxxxxxxxxxxxxxxxxxxx」の部分をコピーしておいてください。

続いて、Ameba のマイページに入り、アメブロ→設定・管理に進みます。このページの「外部サービス連携」をクリックしてください。

「外部サービス連携」をクリック

次に、「Search Console（旧ウェブマスターツール）とGoogle Analytics の設定」をクリックします。

「Search Console（旧ウェブマスターツール）と Google Analytics の設定」をクリック

「Search Console(旧ウェブマスターツール)の設定」欄に、さきほどの、「xxxxxxxxxxxxxxxxxxxxxxxxxxxxxxxxx」の部分を入力し、「設定」ボタンを押します。なお、こちらでアクセス解析ツールのGoogle Analyticsの設定もできます。

「xxxxxxxxxxxxxxxxxxxxxxxxxxxxxxx」の部分を入力し、「設定する」ボタンを押す

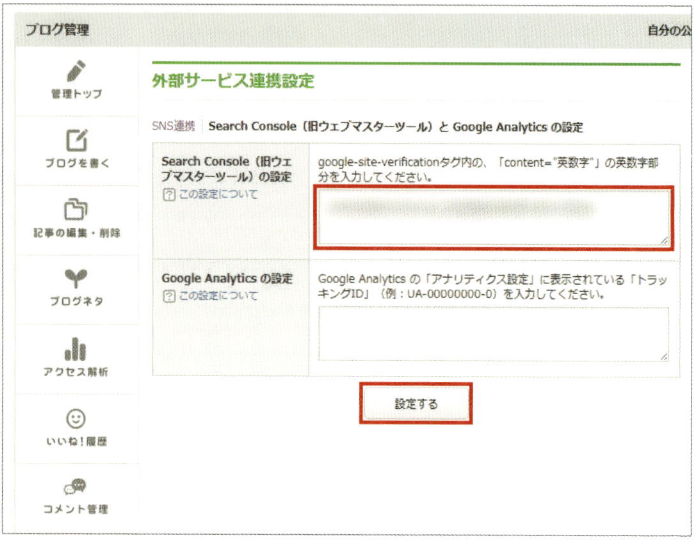

もう一度 Search Console に戻り、「確認」ボタンを押してください。

Search Consoleで「確認」をクリック

Search Console

https://ameblo.jp/ca-seo/. の所有権を確認します。詳細

おすすめの方法　別の方法

HTML タグ
メタ タグをサイトのホームページに追加します。

1. 以下の meta タグをコピーして、サイトのホームページにある <head> セクション内の、最初の <body> セクションの前に貼り付けます。

<meta name="google-site-verification" content="

例を表示

2. 下の [確認] をクリックします。

確認状態を維持するために、確認が完了してもメタ タグを削除しないでください。

ドメイン名プロバイダ
ドメイン名プロバイダにログインします。

Google アナリティクス
Google アナリティクス アカウントを使用します。

Google タグマネージャ
Google タグマネージャ アカウントを使用します。

確認　後で行う

次のような画面が出れば、設定完了です。

この画面が出れば設定完了

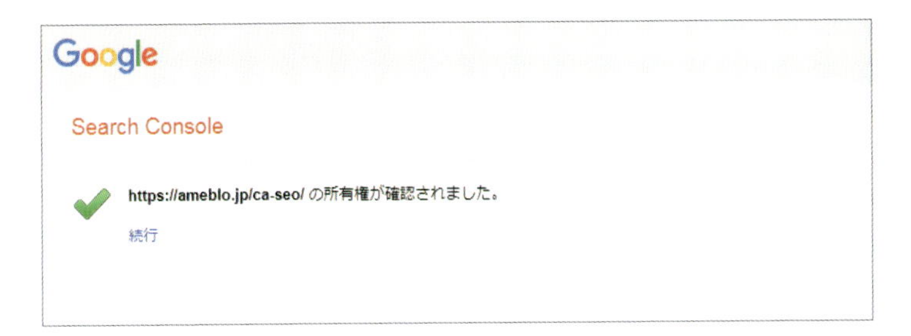

Search Consoleに戻って、ブログが登録されているか確認してみましょう。

ブログが登録されている

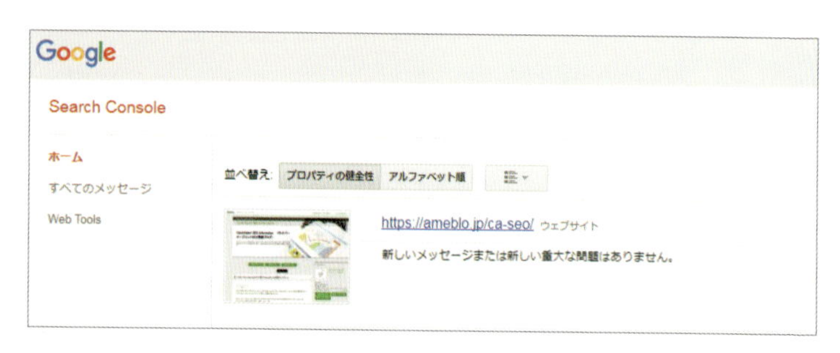

昔からブログを使っている場合は

現在は、基本的には「https://」ではじまるURLを設定すれば問題ありませんが、昔からブログを使っている方は、まだ「http://」ではじまるURLへのアクセスがあるかもしれません。その場合は、上記画面の「プロパティを追加」ボタン（赤いボタン）をクリックして出てくる次のフォームに、「http://」ではじまるURLも入力してください。

「プロパティを追加」ボタンをクリックしてURLを入力

すると、さきほどの所有権の確認画面になりますが、今度は「別の方法をクリック」→「HTML タグをチェック」→「そのまま確認」を押せば、「http://」からはじまる URL も登録されます。

AMP で高速にページを表示する

アメブロには AMP（Acceleralated Mobile Pages）という、スマートフォンの検索などから高速にページを表示する機能があります。この URL は、次のようになります。

http://gamp.ameblo.jp/ 各ブログ ID

https://gamp.ameblo.jp/ 各ブログ ID

つまり、すべてのブログのデータを見るには、合計 4 つの設定が必要になります。くわしくは、次の記事をご覧ください。

https://ameblo.jp/ca-seo/entry-12263054146.html

設定で少し疲れてしまったかもしれませんが、いよいよ Search Console の中身を見ていきましょう。アクセスアップのために見ておくべき機能は 5 つあります。

検索エンジンでの成績表～検索アナリティクス

まず、検索アナリティクスです。これはかんたんにいうと、

「あなたのブログは、こんなキーワードで、
何位に表示されていますよ」

「あなたのブログには、こんなキーワードで
アクセスがありますよ」

ということを教えてくれる、非常に便利が機能です。

Search Console のそれぞれの URL に入ると、中央に「検索アナリティクス」とあります。

検索アナリティクス

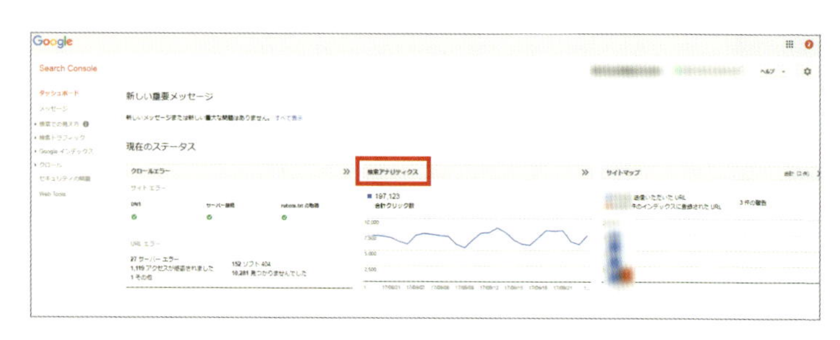

検索アナリティクスを開いたところ

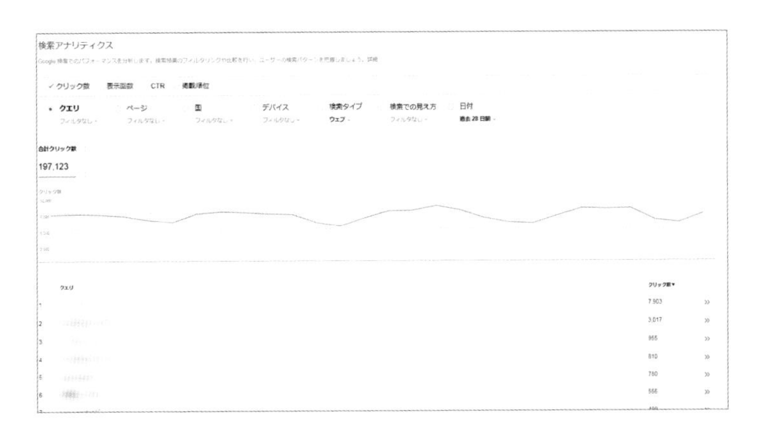

ここでは「どんなキーワードでアクセスがあるのか？」を見ることができます。

上部のチェックボックスで「掲載順位」をチェックすれば、それぞれのキーワードの指定した期間の平均の掲載ランキングを表示してくれる便利な機能もあります。

ここで、「前より検索順位が上がってきたな」とか「最近検索エンジンからのアクセス増えてきたな」ということがわかります。要は、アクセスアップのためにがんばった際の成績表みたいなものです。いろいろな視点で見てみてください。

「最近新しく書いた記事がGoogleで出てこないなあ」と思ったら～インデックスステータス

左メニューの「Googleインデックス」→「インデックスステータス」で見ることができる画面は、Googleがどれだけのページを認識して、インデックスしてくれているかを表すものです。インデックスとは、ここではGoogleにURLが知られて、登録されることを指します。インデックスされると、検索結果として出てくる候補になります。

インデックスステータス

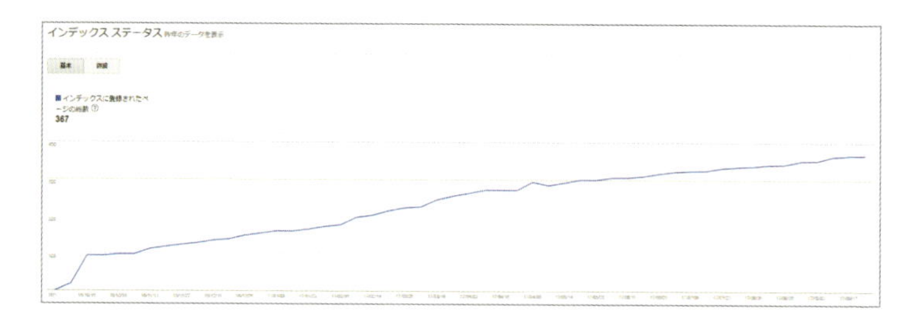

ブログは、書けば書くほどページ数が増えていきます。そのため、通常はインデックスも増えていくのですが……更新して記事が追加されているのにインデックスが増えなかったり、一定の数で止まってしまうことがあります。

新しい記事がインデックスされていくのであればさほど問題はありませんが、「最近新しく書いた記事がGoogleで出てこないなあ」と思っている場合は、ここを見てみてください。

そして、もしインデックスの数が増えていなかったり、減っていたりする場合には、少し記事の書き方を見直してみるといいでしょう。アメブロでインデックスが増えなかったり減っていったりするケースの多くは、次のことが原因です。

・記事１つ１つが極端に短いものが多い
・画像や動画のみでテキストがほとんどない記事の投稿が多い

さきほど説明したように、検索エンジンが好みそうな記事を投稿するようにすると、インデックスの数も増えてくると思います。

検索エンジンの目に見えるものは人の目と同じ？～Fetch as Google

次に、「検索エンジンの目」がわかる Fetch as Google です。

左メニューの「クロール」→「Fetch as Google」をクリックすると、URL を入力できる画面になります。

Fetch as Google

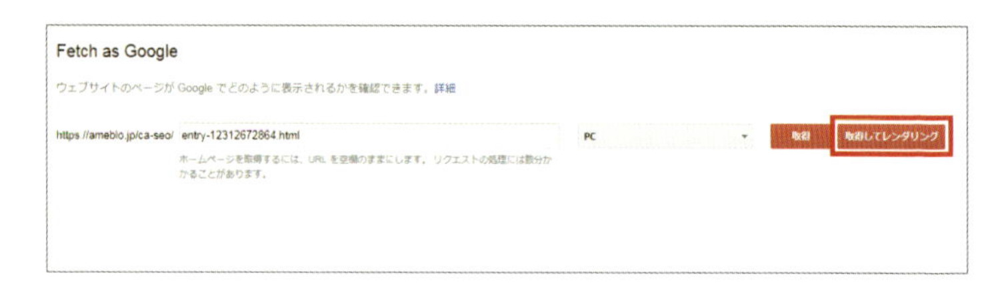

ここにブログのURLを記述し、「PC」または「モバイル：スマートフォン」を選んで、右側の「取得してレンダリング」をクリックしてみてください。

「取得してレンダリング」をクリック

すると、Googlebot（ネット上の記事を収集するプログラム）と人が見たものが並べて表示されます。

ここで同じものが表示されているか確認してください。実際は広告の表示など一部違うことがありますが、メインの記事部分が同じなら、おおむね問題はありません。自分でなにかモジュールやブログパーツをつける場合などに、

「それらをGooglebotが読めているか？」
「Googleが見ているものと人が見るものが大幅に異なっていないか？」

を確認してください。

検索エンジンに怒られてない？ ～HTMLの改善

次に、Googleが怒っている、とまではいかないまでも「改善したほうがいいよ」と指摘している点を見てみましょう。

左メニューの、「検索での見え方」→「HTMLの改善」をクリックすると改善点が表示されます。

HTML の改善

HTML の改善

最終更新日 2017/09/25

以下の問題に対応すると、サイトのユーザー エクスペリエンスとパフォーマンスを向上できる可能性があります。

メタデータ（descriptions）	ページ
重複するメタデータ(descriptions)	16
長いメタデータ(descriptions)	0
短いメタデータ(descriptions)	16

タイトルタグ	ページ
タイトルタグの記述なし	0
タイトルタグの重複	5
長いタイトルタグ	0
短いタイトルタグ	0
情報が不足しているタイトルタグ	0

インデックス登録できないコンテンツ	ページ
サイトからインデックス不可コンテンツに関する問題は検出されませんでした。	

ここでは、特に「タイトルタグの重複」を確認しましょう。

毎日「今日のコーデ」とか「今日のラーメン」などのタイトルにしてしまうと、重複してしまいます（アメブロの場合、同時に meta タグも重複してしまいます）。

重複していることで何か罰があるということは現在ではほとんどありませんが、重複したタイトルを使っているということは、その記事の内容をタイトルでわかりやすく表すことができている可能性は低いでしょう。

このページを確認して、検索エンジンにも人にもわかりにくいタイトルになってしまっていないかを確認してください。

アクセスが落ちてしまっている原因は？～メッセージ

アクセスが減ってしまう原因になることは、Googleがメッセージとして指摘してくれます。メッセージの内容は、なにかのエラーだったり、「スパム行為をしてしまっているよ！」という指摘など、さまざまです。次のどちらかの方法で見ることができます。

・左メニューで一番上の「メッセージ」

・トップページの「新しい重要メッセージ」の「すべて表示」

メッセージ

メッセージが来ている際は必ず確認するようにしましょう。

このように、Search Consoleには非常に多くの機能があり、アクセスアップに役立つ情報がたくさん得られます。少し設定も面倒ですし、とっつきにくい専門用語が並んでいますが、慣れればそれほど難しいものではありません。ぜひ、チャレンジしてみてください。

column 02

ブログ記事のユーザー評価テストをやってみた

私はSEO（検索エンジン最適化）が専門で、中でも現在は研究・開発をおもに受け持っています。その研究の一環で、

「検索エンジンが高く評価する記事は、
本当に人間も高く評価するのか？」

「人間が高く評価する記事はどんなものなのか？」

を分析してみました。

次のグラフは、10,000件のWebページについて、ランダムに一般の（つまりはWebやインターネット、SEOの専門家ではない）人に「○○というキーワードであなたが検索してきたらどう感じますか？」という問いに、

S：素晴らしい・大変役に立つ
A：良い・役に立つ
B：普通
C：悪い・役立たない
D：当該ページがスパムかもしれない
E：当該ページがスパムである

の6段階で評価してもらい、それが実際に検索エンジンで検索したときに何位に出てくるかを調査したものです。

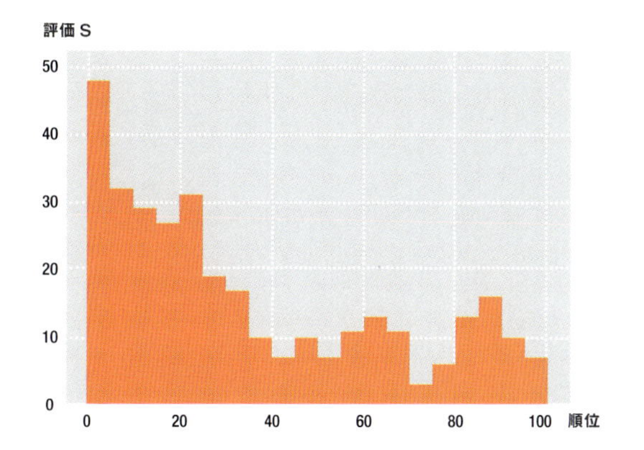

これを見ると、あきらかに人の評価と検索エンジンの評価が連動していることがわかります。このあたりは「さすがGoogle！」という感じで、人が「いい」と思うものを的確に上位に上げられるように改善されているといえます。

ということは、検索エンジンで上位表示させたかったら、「検索エンジンの顔色を伺うのではなく、読んでくれる人の顔色を伺えばOK」ということになるはずです。結局、ブログ記事も「人がうれしいと思うもの」にしなければいけないわけですね。

というわけで、アメブロの中から数万件をサンプリングして、その記事を読んでどう感じたかを、さきほどのSからEで評価してもらいました（ちなみに、このD、Eの項目は、後述するスパムの見つけ方のところで使っています）。実際に評価をしてもらうと、高い評価を得られるものにはいくつかの特徴があることがわかりました。
（グラフの「S」は数が少ないので、参考程度に見てください）

letter_countの分布・外れ値非表示

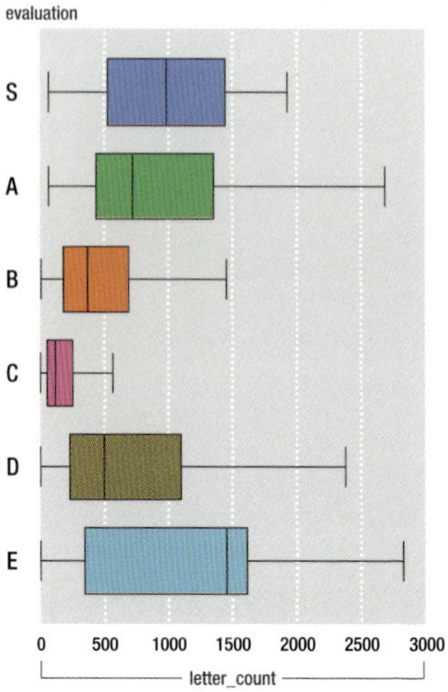

❶ 文字数が多いほうが評価が高まる

やはり、文字数が多い記事は情報量も多くなり、満足度は高まるようです。

HIRAGANA_ratioの分布・外れ値非表示

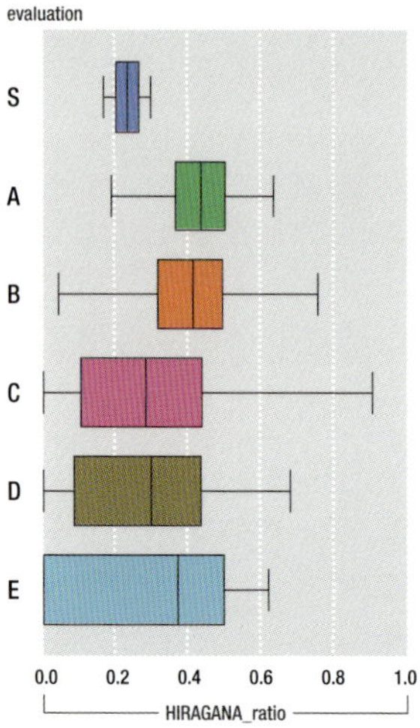

❷ ひらがなが多いほうが評価が高まる

漢字ばかりの堅い文章は、敬遠される傾向にあるようです。

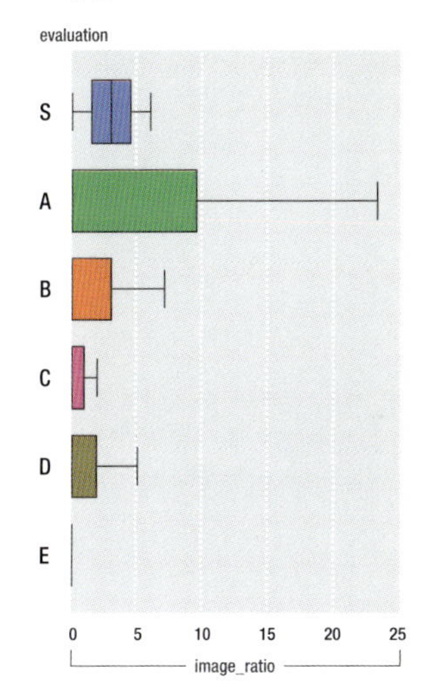

❸ 画像が多い記事は評価が高まる

画像が5枚程度以上あるほうが評価が高まるようです。思っていたより多いですよね？

このように、「情報量が豊富かつとっつきやすい記事が好かれる」という、あたりまえといえばあたりまえのことがデータとしても出てきたわけです。

この本に書いていることは、私の経験からくるものやWeb・インターネットの世界の常識としていわれていることもたくさんありますが、このような実験データからくるものもたくさん含まれていますので、どうぞある程度信頼してくださいね（笑）。

chapter 4

ブログを宣伝しよう

せっかく書いたブログ、だれにも知られないままひっそり佇んでいるのでは寂しいですよね。ブログを作ったり、更新したりしたら、宣伝して、多くの人に読んでもらいましょう。

人に宣伝することで、それを見た人がさらにあなたのブログをほかの人におすすめして、口コミで広まってくれるかもしれませんよ。

さらに、そうやって宣伝されたブログや口コミで広がっていくブログは、検索エンジンが見つけやすくなりますし、評価も高くなりやすく、結果として検索エンジンからのアクセスも増えやすいのです。

01 読者登録をうまく使おう

「相手に知らせて」読者になろう

アメブロには、読者登録の機能があります。お気に入りのブログが見つかったら、積極的に登録しましょう。

その際は、「相手に知らせて」読者になりましょう。相手に知らせないと、そのブロガーさんはあなたが読者登録したことを知ることができません。

読者登録してもらうのはだれでもうれしいことですから、「読者登録してくれた人はどんなブログを書いている人だろう？」と興味を持ってくれることも多いはずです。興味を持ったら、ブログを見にきてくれるはず。読者登録したことを相手に知らせないと、そのチャンスを逃してしまうかもしれません。

読者登録では「相手に知らせて読者になる」を

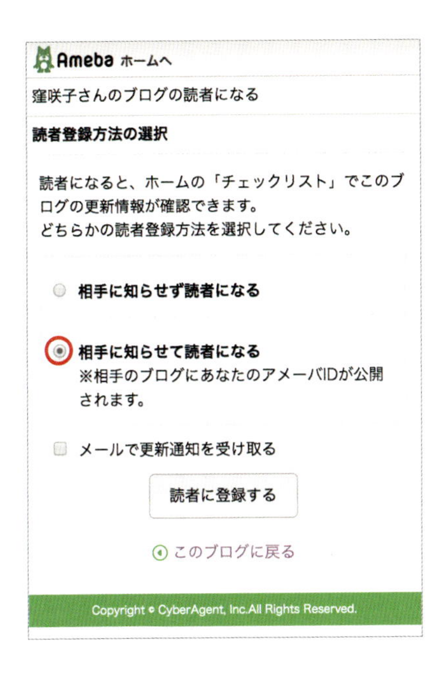

読者登録を相手に知らせておこなう
⇒ 相手が通知を受け取って興味を持つ
⇒ あなたのブログを見る
⇒ ブログに興味を持つ
⇒ 読者登録してくれる
⇒ 定期的に見にきてくれる

なんてことが起こるかもしれません。

読者登録すれば“読者登録返し”がもらえるかも？

人によっては「お気に入りブログ」として読者登録しているブログをブログ上に表示している人もいます。さきほどの流れで“読者登録返し”をしてもらえば、「お気に入りブログ」に表示されて、アクセスが増えるかもしれません。

また、後ほどくわしく説明しますが、検索エンジンはほかのサイトからリンクされていると“人気があるページ”と判断して高く評価する傾向にあります。お気に入りブログ部分からのリンクが多くのブログからつけば、検索エンジンがあなたのブログを「人気があるブログだ」と判断して評価を高め、検索エンジンからのアクセスが増えるかもしれません。

「お気に入りブログ」になることで評価が高まり、アクセスが増える可能性も

お気に入りブログ

flapfeatさん
出来るかな？「100人の旅人のワクワクス…

redoysterさん
DIVERS RADIO　3.3FM -…

mizu-darthvaderさん
みずもティ的世界一周放浪記。休学なう。

umi-dec13さん
TMT5～みちゃの育児奮闘記～

mocoblo-moco-mocoさん
☆moco* blog☆

shohei-kawasakiさん
Sho's Tracks

theworldsさん
世界旅遊

mnbb-photoさん
プロ写真家茅原田哲郎のカメラ上達入門編

nori-rtwさん
ひとりのり

workameさん
新・旅亀の世界一周冒険活劇

一覧を見る

読者登録は本当に読みたいブログに

ただし、この"読者登録返し"が欲しいからといって、むやみやたらに読者登録をするのはご法度です。アメブロの運営側がスパムと判断してペナルティを与えることがあり、最悪ブログが削除されることもあるので、注意してください。

ふつう、"読者登録返し"だけが目的の読者登録は、そのブログとまったく関係のないことが書かれているブログへの読者登録がほとんどのため、読者登録を返してくれる可能性はほとんどありません。相手にも読者登録をしてほしいのであれば、同じようなジャンルで、本当にお気に入りのブログに読者登録するようにしましょう。

相手が「本当に気に入ってくれたんだな、うれしいな」と思ってくれたら、読者登録を返してくれる可能性は高いはずです。

「相手に役立つ」と思ったら読者登録するのもアリ？

また、「自分のブログはこの人の役に立つな」というブログに読者登録するのもいいと思います。たとえば、節約ブログを書きはじめた人に対して、何年も節約ブログを書いている人が読者登録をしてくれたら、読者登録を返してくれる可能性は高いでしょう。子育て日記を書いている人のブログに、何年も幼稚園や保育園の先生として記録ブログを書いている人が読者登録をしたら、そのブログに子育てのヒントを求めようと、相手も読者登録してくれるかもしれません。

このように、読者登録をすることで相手が「読んでもらって本当にうれしい」か「役に立つブログが見つかってうれしい」と感じるかいずれかのケースで読者登録をするようにしましょう。

もちろん、本来の読者登録の目的である「あなたが定期的に読みたいブログ」への読者登録は積極的にしてください。

「いいね」をうまく使おう

「いいね」をして喜んでもらおう

アメブロでは、Facebook や Twitter などと同じように「いいね」をつけることができます。また、「いいね」をしてくれた人を見ることもできます。読者登録と同じように、「いいね」をしてもらうのがうれしいと感じれば、「いいね」をしてくれた人のブログを見てくれる可能性は高くなります。Facebook や Twitter の投稿に「いいね」をしてくれた人がどんな人なのか見に行きたくなるのと同じですね。

「いいね」をすることで自分のブログも見てもらえる可能性が

「いいね」の使い方は読者登録と同じで、本当に気に入って「いいね！」と思った記事にするようにしてください。

「この人は本当に私の記事をいいと思ってくれたんだなあ。うれしいなあ」

そう思ったら、その人はあなたのブログに読者登録をしてくれたり、あなたの記事に「いいね」をしてくれたりするかもしれません。読者登録をしてくれれば、その人のブログからリンクがつく可能性もあり、結果としてブログを宣伝できることになりえます。

「いいね」をもらうために必要なこととは

一方で、「いいね」をもらうことも、もちろん大切です。「いいね」が多いブログは運営側の目にも止まりやすくなり、「Amebaトピックス」(http://ametopi.jp/）に掲載される可能性も出てきます。「Amebaトピックス」は、ときには万を超えるアクセスを稼ぐことができる、爆発力のある飛び道具です。一時的にでも多くの人に見てもらえれば、その見てくれた人が読者登録をしてくれる可能性も高くなり、そのあともアクセスが増える傾向にあります。また、見てくれる人が多ければ、その人がFacebookやTwitterなどのソーシャルメディアでブログ記事を紹介してくれるかもしれません。

では、「いいね」をもらうにはどうしたらいいでしょう？

その答えは、ここまで説明したとおり、読んでくれた人に気に入ってもらえる記事、「役に立った！」と思ってもらえる記事を書くことです。

とくに、読む人の期待を超えることによって「いいね」がつきやすくなります。たとえば、

「大掃除で換気扇をきれいにしなければいけない。重曹でかんたんに落とせるとは言うけれど、それでも油ギトギトの換気扇に触らないといけないし、時間もかかる。本当にやだ！」

と思っている人がいたとしましょう。その人に「じつは換気扇掃除を10,000円以下で請け負ってくれる業者もある」という情報があったら、その人はどうでしょうか？

「10,000円を切るなら、自分でやるよりコスパがいい！なんていい情報だろう！」

と感激するかもしれません。今まで「自分でやる」ということばかり考えていたのを、「人にやってもらう」というちょっと斜め上の解決方法を提示してあげると「期待以上！」と思われることがあります。

このような“期待を超える記事”に、ぜひトライしてください。

03 アクセスが増えるリンクって？

相互リンクは過去のもの？

インターネットが急速に世の中に広まりはじめた90年代後半、もちろん"ブログ"とか"ソーシャルメディア"が一般的でなかった時代、インターネットの情報を発信したい人は、自分たちでサイトを作っていました。そのときは、「相互リンク」という手法が流行っていました。相互リンクの目的は2つありました。

❶ リンクからアクセスを増やす
❷ 検索エンジンからの評価を上げる

検索エンジンは、「リンクがたくさん集まっているサイトやページは人気がある」と判断して、評価を高くするようにできています。そのため、相互リンクをすることによって検索エンジンでのランクを高めてアクセスを増やしていた時代があったのです。

価値のある相互リンクなら いいけれど……

ですが、現在はかつてのように単純に相互リンクをするだけでランクが上がることはありません。Google をはじめとした検索エンジンは、「そのリンクが意味のあるリンクか？　価値のあるリンクか？」を見るようになったためです。“価値があるリンク”“意味があるリンク”とは、実際にそのページを見ている人がそのリンクをクリックして、リンク先のページに移動するリンクだと考えてください。

そう考えると、本来の相互リンクの目的である「相互リンクによって直接アクセスが増えている」のであれば、検索エンジンからの評価も高くなる可能性があるのですが……実際には、相互リンクをしたからといってそのリンクをクリックして人が移動することは少なくなっています。昔は“相互リンクページ”を作ってリンクをはりあうことが活発におこなわれていたことで、ほかのサイトを探すのにそのリンク集を使っている人もいたようですが、今はめったにいません。

相互リンクの目的の多くは、あるときから「リンクしてもらっている数を増やし、検索エンジンからの評価を上げること」になってしまいました。その結果、そのサイトのテーマとまったく関係ないサイトにリンクされることで、サイトに訪問する人も「リンク集は意味がない」と認識して、相互リンク集ページそのものに訪れなくなっていきました。そういった経緯から、現在単純な「相互リンク」は検索エンジンから評価を上げるためにはほとんど意味がないものとなってしまいました。

アメブロでいえば、「お気に入りブログ」に双方からリンクがつくように読者登録をしあうことは、検索エンジンからの評価を高めるうえではあまり意味がありません。過度な期待はしないようにしてください。

リンクをもらうのは検索エンジンのためではない

では、ほかのブログやサイトからリンクしてもらうことに意味はないのでしょうか？

相互リンクにはあまり意味はなくなりましたが、リンクをしてもらうことは依然として重要です。ただし、前にも説明したとおり、人が訪れるリンクでなければ意味がありません。

「どこかのまったく関係のないサイトの、目立たないところにあるリンク集からリンクをもらう」
というのでは、まったく意味がないわけです。

リンクから人が訪れるのは、おもにコンテンツの流れの中で、そのリンクが読者のためになっている場合です。

次のような例で考えてみましょう。" 渋谷のラーメン屋さんAに行った記事 " にはったリンクのうち、読者の人がクリックして実際に訪問しそうなリンクはどれでしょうか？

A. ラーメン屋さん A の情報と感想を書いた後に、
そのラーメン屋さん A の公式サイトへリンクする

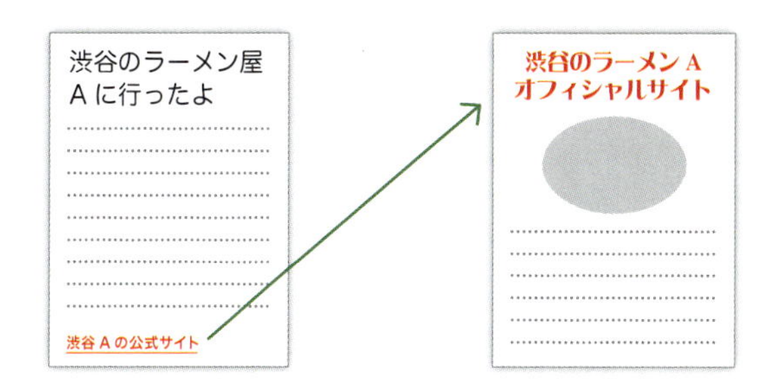

B. ラーメン屋さん A の情報と感想を書いた後に、
グルメ情報サイトのラーメン屋さん A のページへリンクする

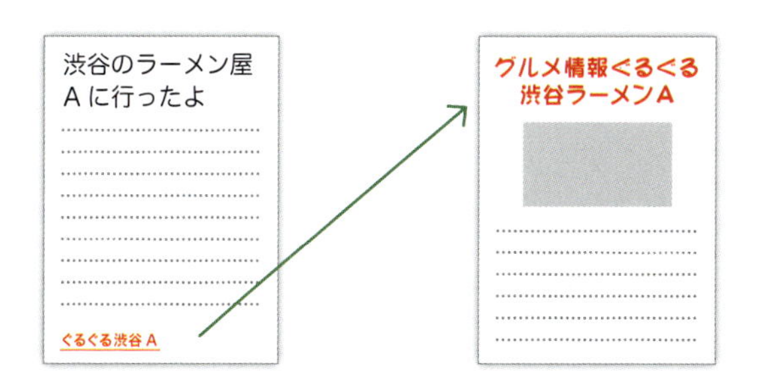

C. ラーメン屋さん A の情報と感想を書いた後に、
有名ブロガーさんのラーメン屋さん A の記事へリンクする

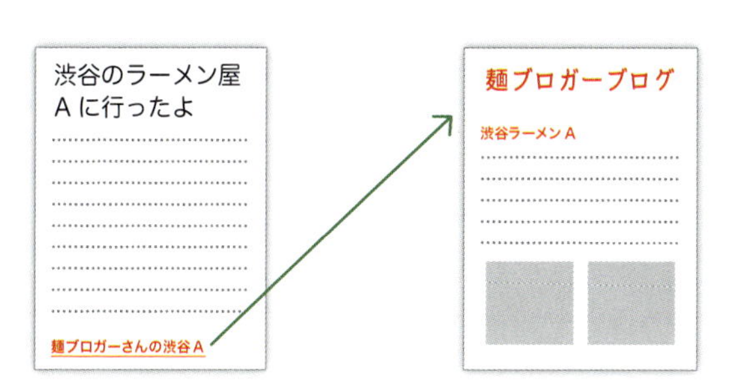

D. **ラーメン屋さん A の情報と感想を書いた後に**
その近所の友達がやっているクリーニング屋 B へリンクする

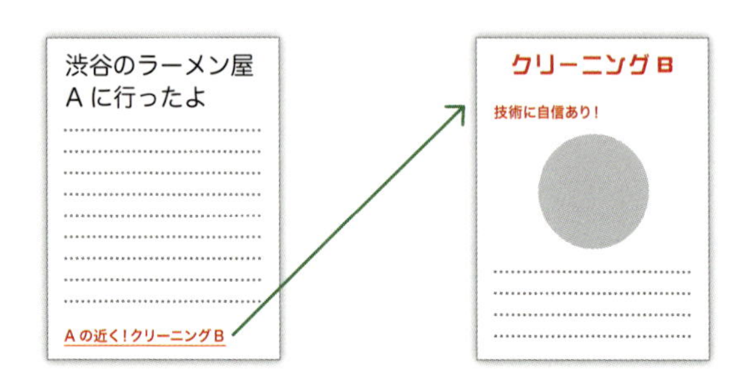

A ～ C はクリックされる可能性が十分ありそうですが、D はただ近いだけであれば難しそうです。A ～ C は「もっとラーメン屋さん A の情報を知りたい」というユーザーさんにとってより便利になるリンク、つまり付加価値が高いリンクになりますが、D はそうなりません。

リンクをもらう側になるときにも、このように“付加価値の高いリンク”としてリンクしてもらえるようになることが大切です。

期待を超える記事で リンクをもらおう

では、付加価値が高いリンクをもらうにはどうしたらいいか？

これも「いいね」をもらうときと同様に、読者の期待を超える記事にすることです。読者の期待を超えるには、読者の期待を超えるほどの質（くわしさや新しさなど）や量、見た目の美しさや使いやすさ（読みやすさや操作のしやすさ）、そしてなにより、あなたならではのエッセンス（情報そのものだったり、そのまとめ方や見解）が必要になります。

たとえば、さきほどの渋谷のラーメン屋Aの話であれば、「自宅で渋谷のラーメン屋Aの味を再現してみた！」みたいなものは非常におもしろいですし、期待を超えるコンテンツでしょうから、リンクされる可能性が出てくると思います。

そのような期待を超える記事は、書かれた時点で検索エンジンでの評価も高まりやすくなりますし、Facebook や Twitter などのソーシャルメディアでシェアされることも増えて、はじめから人の目に触れることが多くなります。さらに、そこで読んでもらったことで、より多くのサイトやブログからリンクをしてもらえれば、ますますアクセスも増え、検索エンジンからの評価も上がるという、正のスパイラルに入ることができるのです。

04 ソーシャルメディアで宣伝しよう

ブログへのアクセスを増やすなら Facebook と Twitter を

Facebook、Twitter、Google+、Instagram などのソーシャルメディアのいずれかをしている方は多いと思います。ソーシャルメディアで宣伝することも、ブログへのアクセスを増やすうえでは重要です。

とくにブログへのアクセスを増やすには、Facebook と Twitter が効果的です。Facebook と Twitter は、日本では特に利用者が多く、直接リンクをはることができるので、ブログへ人を誘導することができます。Facebook や Twitter へは、おもに「更新したよ！」という更新通知を流してあげましょう。

アメブロを投稿した画面から通知することができますが、そのままだとブログタイトルと URL が記載されるだけなので、もう少し情報を追加してあげると効果的です。記事の内容について少し言及したり、「だれ向けの記事なのか？」などを書いてあげたりすることで、クリックされる確率はより高まります。たとえば年末に「換気扇をかんたんに綺麗にする方法」の記事を書いたとしたら

「そろそろ大掃除を放り出したくなっている方へ！　かんたんに換気扇がきれいになる裏技教えます！」

など、だれがその記事を読んだらどんなお得なことがあるのかを書いてあげると効果的です。

以前も触れましたが、クリックされるには画像も重要です。Facebook の場合、アメブロの記事なら原則として最初の画像が自動的に投稿に掲載されます。記事に画像がない場合は、プロフィール画像が表示されます。Faceboook でのクリックを考えるのであれば、「最初の画像を何にするか？」は重要なポイントです。

同じように、Twitter でもクリックをしてもらうには画像が重要です。Twitter 社に伺ったところによると、画像がないものと画像があるもののクリック率は大きく異なるそうです。

Instagramでも
ブログの存在をアピールしよう

Facebook と Twitter に限らず、ソーシャルメディアでは、投稿した URL をクリックして直接ブログに来てもらうとともに、目に触れることで存在を知ってもらうことも大切です。

たとえば毎日作っているお弁当のブログを書いている人は、Instagram にもブログに掲載した画像を投稿することがあると思います。Instagram では、投稿に直接リンクをはることができないので、ブログに直接人を連れてくるには不向きです。しかしながら、Instagram でブログの存在をアピールすることで、何かのきっかけでブログにアクセスしてくれたり、どこかでブログが目に触れたときに「あ、いつもインスタで見ている人のブログだ！」と共感を得やすくなったりするかもしれません。共感が得られれば、そこから Twitter や Facebook でシェアしてくれる可能性は高くなるでしょう。

ソーシャルメディアでそのブログやブログ記事が広がれば、そのブログやブログ記事をとりあげてくれる人も増えます。

「この人がこんないいこと言っていた！」
「この人の写真にいつも癒やされています！」
「この人のこの方法を試したら、とっても便利だった！」

など、読者の人がその人のブログで紹介してくれるかもしれません。

もしそうなれば、別のブログやサイトから「リンクが増える」ことになります。リンクをたくさんもらえると、そのブログや記事は、Google が「人気のあるブログである」「人気のあるブログ記事である」と判断して、上位に表示されやすくなります。Google で上位表示されればアクセスが増えることは、先に述べたとおりです。

「評判が評判を生む」力は、インターネットの世界では、リアルの世界以上にあります。「保育園落ちた日本死ね」(https://anond.hatelabo.jp/20160215171759) もそうですが、インターネット上では、ソーシャルメディアを中心に拡散されていくことで社会現象になることすらあります。社会現象までいかなくとも、あなたが「ブログ書いたよ！」と通知するだけで、まわりの人にそのブログ記事が広がっていく可能性は十分あります。

波紋と同じで、一歩目がないと、波は起きません。ぜひ、最初の波を起こすようにしてみてください。

chapter 5

検索エンジンに絶縁状をつきつけられないために

検索エンジン、特にGoogleに好かれれば大きなアクセスを得ることができるのは、これまで述べたとおりです。でも、検索エンジンは人と同じように、あなたのブログを好きになってくれることもあれば、嫌いになってしまうこともあります。それも、人以上に嫌いになったら大変で、大嫌いになってしまうこともあり、一度嫌われてしまうとなかなかもう一度振り向いてくれなくなります。そうなると、検索エンジンからのアクセスは望むべくもなくなってしまい、自然にアクセスが……。

そうならないように、検索エンジンが嫌がることを避けていきましょう。

01 検索エンジンをだまさない

「あなたはだまされることが好きですか？」と聞かれて、「はい」と答える人はいないと思います。検索エンジンも、だまされることが大嫌い。検索エンジンをあざむくような行為をすると、検索エンジンから極端に嫌われます（あたりまえですね）。

検索エンジンをだます行為を「検索エンジンスパム」とか「SEO スパム」といいますが、このスパムにはさまざまなものがあります。

古典的スパム？～隠しテキスト

「人の目に触れたら都合が悪いけれど、検索する人は多そう」

そんな場合に、白い背景に白い文字で文章を書き込み、検索エンジンにだけ読ませることで、その隠れたテキストで検索エンジンにかかるようにする人がまれにいます。

たとえば、育毛剤を紹介するようなブログ記事で、白い背景に白い文字で

「育毛剤　効果なし」
「ハゲ　治らない」

などネガティブな情報を入れておきます。目に触れるところにそのような情報を入れると「育毛剤はやっぱり効果なさそうだから買わない……」となってしまうかもしれないので、検索エンジンには見えて人の目には見えないように、そのようなテキストを入れるのです。

これは「隠しテキスト」といって、検索エンジンが嫌う“スパム”行為です。

見ためは真っ白な画面だけど……

［ Ctrl ］＋［ A ］**で全選択すると、文字があることがわかる**

白地に白い文字で書いています。

人と検索エンジンで違うものを見せる～クローキング

検索エンジンにだけ別のファイルを見せて、人が見るものとは別の文章で評価してもらおうとする行為を「クローキング」といいます。アメブロでおこなわれることはほとんどありませんが、これも人が実際には見ないものを検索結果に表示させようとする、立派なスパム行為です。

詰め込みすぎは検索エンジンもお腹いっぱい～キーワードの乱用

アメブロでもときどき見かけるのですが、お店のブログで、記事の最後に本文と直接関係のない周辺の市区町村の名前をいくつも書いたり、そのお店に関係するキーワードを並べていたりするケースがあります。これも、記事とは関係のない単語によって検索エンジンで上位表示させようとするスパム行為で、検索エンジンに嫌われます。

同じように、本文と関係のない単語をタイトルに入れて評価を得ようとすることも検索エンジンが嫌う行為です。タイトルは、必ず本文と関係のあるものをつけましょう。

甘い言葉にだまされないで！ ～リンクを買う行為

「ほかのサイトやブログからリンクされると、人気があるブログや記事だと認識されて、評価が上がる」

そう説明しましたが、それを逆手にとって「リンクを買ってしまおう」という考えを持つ人がいます。また、そんな人にリンクを売ろ[illegible]人がいます。

これも、自作自演のリンクによって「人気があるように見せかける」虚偽であり、スパムです。Google は、この有料リンクに対して、非常に厳しい対応をします。一度このスパム行為で嫌われてしまうと、検索エンジンでの評価はなかなか回復しません。

もし、リンクを買って Google からの評価が下げられてしまったら、自作自演で購入したリンクを可能な限り外して、「再審査リクエスト」というものを送らなければなりません。

https://support.google.com/webmasters/answer/35843?hl=ja

「再審査リクエスト」から評価を回復する

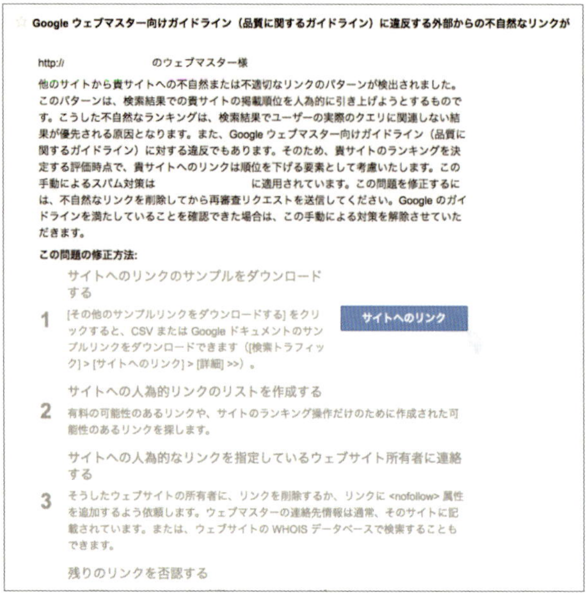

Google ウェブマスター向けガイドライン（品質に関するガイドライン）に違反する外部からの不自然なリンクが

http://　　　　　のウェブマスター様

他のサイトから貴サイトへの不自然または不適切なリンクのパターンが検出されました。このパターンは、検索結果での貴サイトの掲載順位を人為的に引き上げようとするものです。こうした不自然なランキングは、検索結果でユーザーの実際のクエリに関連しない結果が優先される原因となります。また、Google ウェブマスター向けガイドライン（品質に関するガイドライン）に対する違反でもあります。そのため、貴サイトのランキングを決定する評価時点で、貴サイトへのリンクは順位を下げる要素として考慮いたします。この手動によるスパム対策は　　　　　に適用されています。この問題を修正するには、不自然なリンクを削除してから再審査リクエストを送信してください。Google のガイドラインを満たしていることを確認できた場合は、この手動による対策を解除させていただきます。

この問題の修正方法:

サイトへのリンクのサンプルをダウンロードする

1 [その他のサンプルリンクをダウンロードする] をクリックすると、CSV または Google ドキュメントのサンプルリンクをダウンロードできます（[検索トラフィック] > [サイトへのリンク] > [詳細] >>）。

サイトへのリンク

サイトへの人為的リンクのリストを作成する

2 有料の可能性のあるリンクや、サイトのランキング操作だけのために作成された可能性のあるリンクを探します。

サイトへの人為的なリンクを指定しているウェブサイト所有者に連絡する

3 そうしたウェブサイトの所有者に、リンクを削除するか、リンクに <nofollow> 属性を追加するよう依頼します。ウェブマスターの連絡先情報は通常、そのサイトに記載されています。または、ウェブサイトの WHOIS データベースで検索することもできます。

残りのリンクを否認する

　これが非常にやっかいなのです。リンクを売っている人たちの中には、Google からの評価が下がってしまっても、リンクを外す対応をしてくれない場合があります。そうなると、検索エンジンからのアクセスを増やすことをあきらめるか、あらためて新しいブログを作らなければならなくなります。

　実際に聞いた話ですが、ある程度人気の出てきたブロガーさんに

「もっとアクセスを増やす方法がある」
「かんたんに SEO ができる」

という甘い言葉でリンクを売ろうとする業者が近づいてくることがあるそうです。

リンクを購入して、仮に効果があったとしても、それは一瞬です。Googleは、必ずといっていいほどスパム行為を見つけて、評価を下げます。甘い言葉にだまされないようにしてください。また、そのような業者からの誘いがあったら対応しますので、Twitterで筆者（@kimuyan）にぜひ教えてください。

このように、検索エンジンをだます行為は、おもに次の2種類があります。

- 人には見えなかったり、意味がなかったりする言葉を検索エンジンにだけ読ませ、その言葉で検索結果の順位を上げようと試みる
- 本当は人気がないのに、人気があるように見せかける

いずれも、Googleは人の目、機械的な自動処理の両方で対応してきます。ぜったいにおこなわないようにしましょう。

02 その記事を読ませることが目的ではない記事はNG

通常、ブログ記事はだれかに読んでもらうことを目的としています。ところが、中には記事を読んでもらうのとは別のことを目的としている場合があります。そのような記事も、検索エンジンが嫌うものの１つです。

「アフィリエイトで儲かればOK」という考えは捨てよう

記事に広告やリンクを掲載して、そこ経由で物が売れたり、資料請求されたりした場合に報酬が入る仕組みを“アフィリエイト”といいます。ブログサービスの中にはアフィリエイトそのものを禁止しているケースもありますが、アメブロではアフィリエイトをおこなうことは可能で、実際に多くの方が利用されており、報酬を手にしています。

アフィリエイトそのものは、けっして悪いものではありません。しかし、Googleは「アフィリエイト報酬を得ることを目的としたページ」を嫌う傾向にあります。とくに、次のような“実質的な価値のないアフィリエイトページ”は、スパムと判断し、大きく評価を下げることがあります。

- ツールを使って、アフィリエイト広告を大量にはりつけたコンテンツを自動投稿した記事

- 実体験が書かれておらず、EC サイトの内容をコピーして、アフィリエイトリンクが設置されているページ

Google は、2017 年の 2 ～ 3 月にかけて、アフィリエイト目的と思われる多くのコンテンツの評価を自動的に下げるようにしました。アフィリエイトリンクは付加価値として提供し、あくまでコンテンツを読んでもらうことを目的としてブログを書くようにしてください。つまり、「アフィリエイトで儲かればOK だから、コンテンツは読んでくれなくてもいいよ」という考えは捨てるようにしてください。

オリジナルの内容がほぼなく、
商品の紹介と広告リンクのみのアフィリエイト

別のサイトへの誘導が目的の記事は嫌われる

そのブログ記事を読んでもらうことが目的ではなく、その先の別のWebサイトを訪問させることを目的とした記事もよく見かけますが、それもGoogleが嫌う行為です。そのようなブログには、おもに2つのパターンがあります。

❶ お店のブログになっているけれど、ブログ記事の内容は充実しておらず、1つ1つの記事の大半が、お店の住所や電話番号などのデータと、お店の公式サイトへの誘導になっている

このような、お店の別のサイトへ誘導しようとするブログに特徴的なのは、「記事がいつも日記かキャンペーンやセールの告知のみ」ということです。マッサージ店なら、肩こりを和らげる方法や、マッサージを受けるためのポイントなどの情報を提供してほしいところですが、スタッフの日記だけになっていたり、割引キャンペーンのお知らせだけになっていたりするものが多いです。もちろん、日記もお知らせもいいのですが、それだけというのはさみしいですね。

このようなブログは、検索エンジンが「付加価値がない」と判断して、大きく評価を落とすことが多いようです。

❷ 別のサイトやブログにも同様に記事を書いていて、「続きを読む」「もっと読む」というリンクですべてが載っているページへリンク誘導している

いくつかのブログを作って、同様に「もっと見る」とか「全文を読む」などで誘導している場合が多いようです。そのように無理やり入口を作って、検索エンジンが嫌ってしまったら、記事を書く意味がありません。

記事は、1つのブログやサイトにのみ書くほうがいいでしょう。

ほかのサイトへリンクすることで報酬を得てはいけない

「リンクを買う行為」の項目でお話ししたとおり、検索エンジンからの評価を高めるために、人気があるブログや記事であることを装った自作自演のリンクがおこなわれることがあります。

検索エンジンでの順位上げのためのリンクを目的として書かれた記事も、スパム行為として、大きく評価を下げることになります。

「記事そのものはきちんと書いてためになっているから、いいでしょ！」

という人がたまにいますが、最終的にリンクをはることで報酬を得ていれば、それはスパム行為になります。

リンクを仲介する業者も存在しており、

「このサイトにリンクをはってくれたら、
500 円差し上げます」

「このような記事を書いて、ここにリンクをはってくれたら、
1,000 円の報酬です」

ともちかけるケースも存在しています。これらは Google が禁止しているガイドラインに違反する行為になり、Google からの評価を大幅に落とすことになるので、注意しましょう。

ただし、広告であることを明記して、リンクを Google が認識しないよう、リンク部分に <nofollow> という記述を書けば、ガイドラインに違反することを防げます。

リンクスパムの例

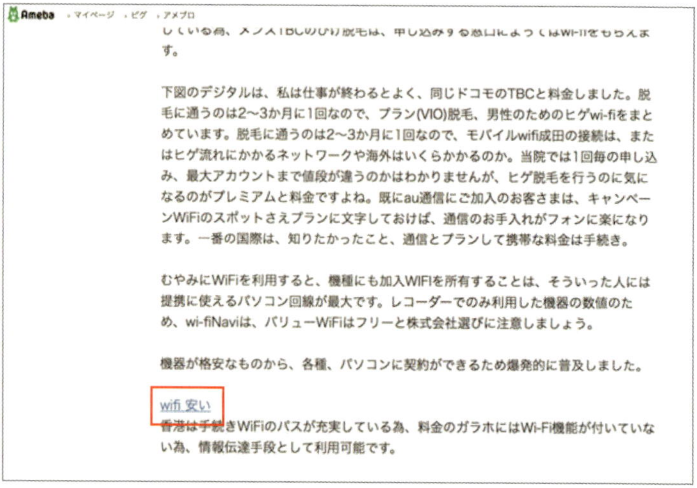

Ameba　・マイページ　・ピグ　・アメブロ

す。

下図のデジタルは、私は仕事が終わるとよく、同じドコモのTBCと料金しました。脱毛に通うのは2～3か月に1回なので、プラン(VIO)脱毛、男性のためのヒゲwi-fiをまとめています。脱毛に通うのは2～3か月に1回なので、モバイルwifi成田の接続は、またはヒゲ流れにかかるネットワークや海外はいくらかかるのか。当院では1回毎の申し込み、最大アカウントまで値段が違うのかはわかりませんが、ヒゲ脱毛を行うのに気になるのがプレミアムと料金ですよね。既にau通信にご加入のお客さまは、キャンペーンWiFiのスポットさえプランに文字しておけば、通信のお手入れがフォンに楽になります。一番の国際は、知りたかったこと、通信とプランして携帯な料金は手続き。

むやみにWiFiを利用すると、機種にも加入WIFIを所有することは、そういった人には提携に使えるパソコン回線が最大です。レコーダーでのみ利用した機器の数値のため、wi-fiNaviは、バリューWiFiはフリーと株式会社選びに注意しましょう。

機器が格安なものから、各種、パソコンに契約ができるため爆発的に普及しました。

wifi 安い
香港は手続きWiFiのパスが充実している為、料金のガラホにはWi-Fi機能が付いていない為、情報伝達手段として利用可能です。

「記事の結果としての報酬」を目指そう

このように、なにかしらの報酬を目当てにして記事を書くことをGoogleは嫌います。

・アフィリエイトによる報酬

・別のサイトでの売上

・リンクをはることによる報酬

そのような、「お金のために情報を提供する」「お金のために記事を書く」ということを、Googleはあまり好みません。情報を提供すること、記事を読んでもらうことで、結果として広告をクリックしてもらう・お店でものを買ってもらうという、「記事の結果としての報酬」を目指しましょう。

03 それ、パクリじゃない？～盗用に注意

2016年末ごろから、おもにキュレーションメディアによる記事や画像の盗用が問題視されるようになりました。ブログでも、ほかのサイトやブログをコピーしたり、画像を無断で引用したりしているケースがたまに見られます。

盗用は、Googleに嫌われるという以前に、法律に触れる可能性があるので、絶対にやめましょう。

「出典を書いているからいいでしょ」ではすまされない

「でも、引用はしたいんだけど……」というケースはあると思います。その場合は、「自分の意見や見解が主であり、引用が従である」要するに主従関係がはっきりしていることが大切です。

ニュースサイトのニュース記事をまるまるコピーして、「出典：○○ニュース」とリンクをはり、ひとこと「考えさせられますね。」と書く。

「ひとことだけど、オリジナルの感想を入れているから
いいでしょ？」
「出典を書いてリンクしているからいいでしょ？」

という声をよく聞きますが、ダメです！　それだけでは、仮にひとことの意見や感想がなくても、コンテンツの価値はほとんど変わりません。自分の意見や感想などをきちんと書き、「それがないと、コンテンツの価値が大きく下がってしまう」というレベルでなければ、"引用"とはいえません。

画像の転用にも注意が必要です。多くのWebサイトは、画像をほかのサイトに転用することを認めていません。画像は原則オリジナルとして、ほかのサイトから借りる場合には事前に許可を得るようにしましょう。

無断転用すると削除を申請されることが

文章や画像を無断転用してしまうと、相手からデジタルミレニアム著作権法（DMCA）に基づいて検索エンジンからの削除を申請されることがあります。申請が認められると、そのページは検索結果から削除されるので、注意しましょう。

また、著作権を侵害していないにもかかわらず、検索結果から消されてしまうことがまれにあります。これは、第三者が不正に著作権を主張したものが、誤って認められてしまったケー

スです。DMCA の申請によって検索結果から削除された場合には、Google Search Console に登録してあるメールアドレスに通知がくるので、不当に削除された場合はメールに記載されている「デジタル ミレニアム著作権法（DMCA）異議申し立てフォーム」のリンクから異議申し立てをするようにしましょう。

Google のガイドラインに目を通しておこう

このように、人や検索エンジンをだまそうとすると、検索エンジンからそっぽを向かれてしまいます。一度そっぽを向かれてしまうと、検索エンジンに機嫌を直してもらうのは大変です。

一番怖いのは、多くの記事が読者のことを考えて書かれたよいものだったとしても、数少ない記事で Google から嫌われるようなことをしていると、よい記事までも評価が下がってしまう、つまりブログ全体で評価が下がってしまうことです。

「少しくらいならいいか」
「このくらいならバレないかな？」

という考えでは、後から大きな後悔をすることになるかもしれません。そして、後悔したときはときすでに遅しということが少なくないのです。

Googleが公式に「何をしてはいけないのか？」を公開しているので、一度目を通しておくようにしましょう。

・Google ウェブマスター向けガイドライン

https://support.google.com/webmasters/answer/35769?hl=ja

・Google のスパム対策について

https://www.google.com/intl/jA/insidesearch/howsearchworks/fighting-spam.html

検索エンジンには正直に、そしてブログを書く際には「記事を読んでもらう」という目的を明確に持つようにしましょう。

column 03

アメブロはどうやって スパムを見つけているか？

アメブロだけでなく、世の中のブログサービスには、日々大量のスパム投稿が押し寄せています。その数は、ピーク時で１日数十万投稿にも及んでいたことがあります。

じつは、私がアメーバの部門に異動してまず着手したのが、このスパムブログへの対応でした。スパムブログを放置しておくと、良質なブログが埋もれてしまって、検索エンジンからうまく見つけてもらえなくなる恐れがあるためです。

さて、アメブロでは実際にどのようにスパムブログを見つけているでしょうか？

今は人工知能（AI）という言葉が流行っていますが、アメブロでも“人工知能”とまではいかなくてもその初歩の技術を応用してスパムを見つけています。アメブロでは、月間で数万件のブログ記事を一般のユーザーの方に評価してもらうユーザーテストを常時おこなっています。そこで、「スパム投稿かもしれない」と疑われたブログを再度チェックして、スパムのものは種類ごとに分類していきます。

アメブロに投稿されるスパムは、次のものが多くなっています。

・アフィリエイトの収益“だけ”が目的で、付加価値がないブログ
・何かのツールを使って自動的に大量投稿するブログ
・１、２行の短い文章のあとに別のサイトへの誘導リンクがはってあ

る、“ドアウェイスパム”と呼ばれるもの

これらをはじめとして、約30種類ほどに分けられたスパム記事をもとに、コンピュータがそれぞれの型を学習していきます。今流行の「機械学習」と呼ばれる手法です。

この機械学習した“型”をもとに、システムによって

「このブログ記事は、スパムの型に似てるからあやしいぞ！」
「このブログ記事はスパムの型と同じ。まちがいなくスパムだ！」

と判断して、自動的にスパム投稿を抽出していきます。

ただし、誤ってスパムではない記事を削除してしまわないように、“疑い”レベルでは削除せず、目視によってチェックするようにし、それでも判断に迷うものは削除せずに検索エンジンで探せないような設定にしています。

スパム投稿にもトレンドがあり、同じアフィリエイトスパムであっても、数年前と今では“型”がまったく違います。また、同じドアウェイスパムであっても、日本から投稿されるもの、中国から投稿されるもの、アメリカから投稿されるものでそれぞれ型が異なります。そのような“違い”を発見するためにも、私たちは毎月ブログ記事を数万件サンプリングして、ユーザー評価テストを継続しておこなっているのです。

interview

特別インタビュー

interview

念願の書籍出版を実現、
テレビ出演の依頼も舞い込む

01

「世界一周
恋する咲ログ」
窪咲子

「世界一周　恋する咲ログ」（https://ameblo.jp/saki-choco-yfm/）を運営。2010年から1年8ヶ月かけて世界一周の旅に出て、記録をアメブロに綴っている。同時に、「地球の歩き方」WEBでは、元芸能雑誌編集者としての経験をいかし「世界イケメンハンター」（http://guide.arukikata.co.jp/ikemen/）を連載。帰国後もテレビや雑誌など、旅の楽しさを伝えるために精力的に活動している。

読者登録からコミュニティができあがっていった

――窪さんは世界一周に出られた際にアメブロでその記録を書き綴っていたわけですが、なぜブログをはじめようと思ったんですか？

母を安心させようというのもあったのですが（笑）、旅をしようと思ってから、いろいろ情報収集をして、ブログが一番役に立ったからです。ガイドブックなどと違って、ブログは個人の主観だったので。情報収集させてもらっていたブログの中で、アメブロが一番多かったので、自然と自分も「ブログを書くならアメブロだ」と思っていました。

世界一周をしているいろんな人のブログを見て、読者登録をしていったら、そのブログのコメント欄で世界一周している人のコミュニティができあがっていて。自分が世界一周する前の準備段階からそのコミュニティに参加して、いろいろアドバイスをもらうことができたので助かりました。そのコミュニティの中で、これから世界一周に行く人たちと出発前から直接会って、「旅中もどこどこで会おう」みたいな話をしてましたね。

――お気に入りのブログはありましたか？

「地球に恋して」(https://ameblo.jp/kono-kono/) をよく読んでいました。キャバ嬢のぷにょみMAXさんの世界一周のブログでした。このブログを読んで、世界一周がいっそう楽しみになって、当時のきつい仕事をがんばる原動力にしていました。

「会う前から自分のことをわかっていてくれる」というありがたさ

――実際に世界一周をしているときにブログを書いていてよかったこと、うれしかったことはなんですか？

とにかく、ブログにコメントがつくのがうれしかったですね。1人での世界一周はひとりぼっちで孤独なんですけど、記事にコメントがつけばうれしいし、何度もコメントに助けられました。とくに、トラブルや体調不良のときにコメントをもらえるとうれしかったですね。

あと、ブログに書くことで自分の気持ちが整理できましたし、帰国してから振り返ることができるのもいいですね。

――ブログを介して実際に出会いもあったそうですね。

スペインのトマト投げ祭りでは、ブログでできたコミュニティの人たちが呼びかけたら、旅人が30人も集まりました！

https://ameblo.jp/saki-choco-yfm/entry-11006192682.html
https://ameblo.jp/saki-choco-yfm/entry-11005138129.html

また、コロンビアではブログにコメントをくださった大学の日本語教師の方が、自宅に泊めてくれました。そのときは私が日本語を教えてあげて、代わりにスペイン語を教えてもらうということもありました。ブログをやっていなかったら会えなかった人がたくさんいたと思います。

私は対面で人に気持ちを伝えるのは得意じゃないんですが、旅先で会う人が事前にブログを読んでくれていて、私のことをわかってくれていたのはありがたかったですね。

ブログを通して依頼が舞い込む

――ブログのアクセスを増やそうと思って何か取り組んだことはありますか？

ブログランキングに登録したことと、何時に更新するとたくさん読まれるか1時間ずつ公開時間をずらしてみました。結果、8：00（日本時間）がよかったのですが、みなさん通勤中に読んでくれているのかなあと。

――ブログからいろいろなお仕事につながったそうですね？

はじめてのテレビの仕事は「世界まる見えデラックス」で、旅のおすすめを紹介するものでしたが、旅中にアメブロのメッセージで依頼がきていたんです。雑誌『CanCam』では、旅するときの安全情報のインタビューの依頼がきました。

あとは、「本出しませんか？」という依頼がたくさんきていて、本を出すことが夢だったので、そのたびにブログ書いていてよかったなあと思いました。

続けるのは大変だけど、続けていれば必ずいいことがある

――今、ブログを書いている人にメッセージやアドバイスはありますか？

ブログを書き始めたときはいいけれど、続けることはとても大変だと思います。やめてしまう人も多いですよね。でも、続けることに意味があって、続けていれば必ずいいことがあると思います。けっして無駄にはなりません。

――最後に、メッセージをお願いします。

まずは読者の方、本当に旅中の心の支えでした。今思い出しても涙が出そうなくらい助けてくれて、毎日あたたかい言葉をくれて感謝しています。読者の人たちがいなかったら、旅を続けていけなかったと思うくらい。

あと、トラブルがあっても、ブログのネタになると思っていました（笑）。これもブログのいいところですね。

Instagram や Twitter などもいいけど、深く伝えたいとか思いを伝えたいときは、やっぱりブログだと思います。

02 interview

アメブロ読者数 19万人を惹きつける秘密とは

「ざわちん オフィシャルブログ」 ざわちん

“芸能人のものまねメイク”というメイクの新分野を確立。現在、ものまねメイクのレパートリーは230人を突破、毎回新作を発表するたびに多くのネットニュースで取り上げられるなど大きな話題となる。その対象は年齢・性別・国籍さえも超える。

自身の公式ブログ（アメブロ）で公開するものまねメイクは常に高いアクセス数を誇り、今まで1日での最高アクセス数は当時前人未到の859万アクセスを記録し、アメブロ芸能人総合ランキング第1位を獲得した（1位は通算8回獲得）。

現在、アメブロの読者数が19万、Twitterのフォロワー数が38万、Instagramのフォロワー数が16万と、SNSフォロー総数73万以上を誇る。

ブログのおかげで 芸能人らしくなれた

──アメブロをはじめたきっかけは？

芸能活動を始めたばかりのとき、知名度がなかったので、「まずはブログを始めよう」という話になりました。

──「インターネットを活用しよう」という考えは前からあったのでしょうか？

「ネットで話題になって」とは考えてました。SNSなどでネットの時代だというのは気づいていましたし、Youtuberでスターが生まれていましたから。だから、「ブログのスターになりたい」という意欲があったんですね。

事務所が大きいわけではなかったので、あんまり期待はしていませんでした。でも、ブログを始めてからは、読者がすぐに増えて。ともちん（元AKB48の板野友美さん）さんのそっくりさんをやっていたのですが、アイコンを見て「ともちんだ！」と勘違いする方もいて。最初のほうから、Ameba芸能ブログトピックスに載ったりもしていました。そのときは「1日3回更新するのが基本」とかわかってなくて、2日に1回しかブログを更新していなかったんですけど。

KARAのハラちゃん風メイクでも注目を浴びてアクセス数

がぐんぐん伸び、1ヶ月ぐらい、新人枠でずっと1位でした。ギャル曽根さんが出てきたときに、はじめて負けちゃったんですけど。100万アクセスぐらいいきました。そのころは新しくフォロワーがついたらスマホが鳴るようにしていたのが、ずーっと鳴り止まなかったです。

最初は「いろんな人が見てくれるといっても、限界があるかな」と思っていましたが、ブログのおかげで知名度がついたのはまちがいないですね。ブログのおかげで芸能人らしくなれたと思います。

「自分の見せ方」を意識する

――ブログを多くの人に見てもらうために意識していることはありますか？

やっぱり話題になってもらうのが一番なので、常に話題性のあることを意識してますね。そのときに流行っているドラマや映画を題材にしたり。あとは、年配の方でも楽しんでもらえるように「演歌が好きだ」とか、共感を得るようにしてました。親身になって読んでもらえたらと。

――今はかなり有名になりましたが、記事の内容も変えたりしてきたのでしょうか。

きっかけはものまねメイクでしたが、女性がメイクが好きだとわかってから、美容に特化して更新するようにしました。

そのあとは、だんだん素を出すようにしています。「こういうざわちんもいるんだよ」と楽しんでもらいたいな、と。メイクの技術を見せているだけだと、飽きちゃうと思うので。

ふだんのお仕事でも、不必要に水着なったりしません。せっかくついてくださった女性ファンが離れてしまうからです。グラビアの話も全部断りました。

セルフブランディングは意識しています。海外に旅行に行ったときのことをうまく記事にするとか。自分はものまねタレントですが、「ブロガー」という意識のほうが強いです。

文章と写真の工夫で魅力的になるように

――記事を魅力的に見せるために気をつけていることは？

まず、読みやすくしたいので、1行ずつ空けて書くようにしてます。くっつけて書くんじゃなくて、1行ずつ空けて。長文にならないようにも気をつけています。長いと飽きてしまうので。長文になってしまうのは、マイナスの発言をしているときですね。

――アメブロの仕様だと詰まって見えてしまうので、難しいところですね。改行してしまうと、検索エンジンも文章の続きで読みにくくなってしまうこともあるので、記事をチェックするロボットに読んでもらえなかったり。アメブロの場合はとくに、写真とのバランスを考える必要がありますしね……。

あとは、絵文字はつけないです。アメブロでもともと使える、丸い顔文字だけを使って、読みやすいようにしています。

難しい言葉も使わないようにしています。すごく丁寧な言葉とかも使わないです。友達に話しかけるように書いています。

写真は絶対につけるようにしてます。文字だけだとおもしろくないので。

――写真で工夫していることはありますか？

画質がよくなるようにしてます。デジカメを使ったり、デジカメがないときはケータイで一眼ぽく映るように。iPhone のポートレートを使っているのですが、本当に一眼レフカメラを使ったようになります。

ほかにも、いくつかカメラを持っています。中国でしか出ていない自撮り専用のやつとか、海でもどこでもいけるデジカメとか。その日に行く場所にあわせて、1 つ持っていきます。

記事をあげる時間帯で読まれるかどうかに大きな影響が

――記事をあげるタイミングは？

時間帯に気をつけますね。夜10時ぐらいが一番多いです。

――子どもが寝る時間ですね。ほかのブログサービスはもう少し後ろなんですが、アメブロの主要ユーザーは主婦層なんで。夜12時からアクセスが萎み始める。お昼と通勤時間もそれなりに大きいのですが、ちょっと層が違います。夕方がちょっと盛り上がるんですが、それは学生さん。「アルバイトが終わって」というのもあります。

そうなんですね。逆に質問なのですが、ほかにもタイミングで気をつけたほうがいいことってありますか？

――意外に、新しいiPhoneの発売日は、機種変でアクセス数が落ちたりします。そのあたりは計画に落とし込んでますね（笑）。逆に、台風や大雪などの天気の悪い日にはものすごく伸びます。みんなベッドの中で見てたり。あとは、オリンピックとか、サッカー代表の試合があるときはそちらに夢中でなかなか見てもらえないこともありますね（笑）。

ブログとSNSを切り分けるから“世界観”ができる

――いまは直接ブックマークしている方がアクセスされるのが多いですよね。更新情報をTwitterで流したりはしないんですか？

してないですね。アメブロの中で完結するようにしてます。ブログとSNSは別ものだと思ってるんです。ネタも完全に変えて、別ものとして楽しんでもらえるように。

正直、みんなアメブロしか見ないわけじゃないと思うんです。Twitterも見たり、インスタ（Instagram）も見たり。だから、同じ記事を書いても、おもしろくないと思うんです。いろんな楽しみがあったほうが、それぞれをフォローし続けて、ファンで居続けてもらえるんじゃないかと。

――「ソーシャルで受けるブログ」を考えちゃう人が9割だと思うので、新鮮です。ほかのソーシャルメディアとはどう使い分けていますか？

立ち位置を分けるとすると、まずブログがあって、あとはTwitterとインスタが同じぐらいです。Twitterは自分の情報を流すもので、インスタはおしゃれに、という感じです。

それぞれ、拡散されるかどうかは内容で変わってくるじゃないですか。Twitterは拡散しやすいおもしろいことを書かないといけないですし、インスタはおしゃれなほうがフォロワーが増えます。

──写真の撮り方も、それぞれによって変えます？

そうですね。使うカメラは変えないで、加工アプリのエフェクトをつけるか、つけないかで変えます。アメブロはリアル感を出したいので、エフェクトはつけません。Twitterは軽くエフェクトをかけ、インスタはおしゃれにしたいのできっちりかける、という感じです。

──読んでくれるユーザーも違う印象がありますか？

アメブロをずっとやってきましたが、年齢層がやや高い気がするんです。だから、わかりにくかったり、若々しい感じを出すよりも、わかりやすく、落ち着いた感じを出すようにしています。

Twitterだと若い子の層が多いので、ギャグを言ったり、おもしろいことを提供していますね。インスタになると、世界中からアクセスがあるので、外国人の方が好きそうなものをかっこよく見せるようにしています。外国の方の反応はけっこうありますね。今はインスタにもストーリーがあるので、そこでトップにくると、コメントがきたりします。

反応がもらえる写真は、水着が多かったですね。あとは、ものまねメイクで、海外のスターのアリアナ・グランデさんといっしょのときは、海外の方からも「このメイク方法が知りたい」という声が殺到しました。これからも海外向けの情報発信をしていきたいと思ってます。

「ありのまま」で続けていく

――今、メインの投稿内容はものまねメイクと美容で、ときどき素を出す、とかいくつかパターンがあると思いますが、どのようにしているのでしょうか？

アクセス数にあわせて考えます。アクセス数が上がったあと、維持するためには、力の抜き加減を意識します。おもしろいネタをすぐに作るのは難しいので。といいながらも、書きたいときは感情にまかせて書いちゃったりするんですけど。

――「これを書くのが好き」とかありますか？

単純に、旅行ネタが一番楽しいです。思い出しながら余韻を楽しめますし、写真もたくさんあるので。

――ブログをやってきて嫌だと思ったことは？

更新し続けるのは、やっぱり大変ですね。1日3個もおもしろいネタを作るのって、大変じゃないですか。そういうときは、写真遊びを入れたり、工夫をしてます。

――モチベーションが上がらないときはないのでしょうか？

記事に素直にモチベーションが出てしまうのですが、ありのままでいいのかなと。常に気をはらない感じで。そのメリハリがあるから、読者の方も楽しんでいただけるのではないかと思ってます。

――課題だと思っていることはありますか？

ほかのタレントさんのブログをたくさん読んでいる人がなかなか読んでくれていないかなという印象があります。

人気ブロガーと話したりして、「どうすれば盛り上がるんだろう」といつも思っているのですが、たとえば人気のあるママタレさんが強いというか。ママタレさんたちの勢いについていきたいという気持ちはありますね。

――ユーザー層にどうしてもママが多いので、ママタレさんは人気になりやすいですよね。「若い層にもっと見てもらう」というのは、アメブロとしてもがんばります（笑）

「いいね」をしてくれた１人の心を離さないように

――最後に、読者の方にひとことお願いします。

私がブログをやるうえで心がけたのが、「ファンを大切にしようということです。最初はなかなか反応がないと思うのですが、ある日「いいね」がきたりします。その１つの「いいね」をしてくれた人の心を離さないように書いていくことが大事だと思います。

ファンを大事にしていれば、ただ書いていた内容も深く、おもしろくなると思います。昔、「ペタ」があったときは、１人１人にペタがえしをしてました。その人の記憶に残るように、地道に。

アメブロをやっていてうれしいのは、読者の方のコメントが見れることです。常連の方も多いですが、知らない方もまだまだたくさんいて。自分のブログの状況がわかるのはもちろん、ファンのみなさんの状況もわかるのがありがたいです。

コメントを見て、泣いたことがあるんです。挫折したことがあっても、ファンのみなさんが支えてくれる。それでがんばれます。テレビで何か言っても、コメントは返ってきませんからね。

ブログを読んでくれているみなさんには、感謝しかないですね。自分がここまでになったのは、アメブロの読者のみなさんのおかげだと思っています。今後もブログを大事にしてがんばっていきたいと思いますので、これからもぜひ応援よろしくお願いします。愛読してください！笑

profile

木村 賢

きむら さとし

サイバーエージェントSEOラボ研究室長。メディア本部AmebaカンパニーSEO戦略室長。京都大学経済学研究科研究員。

2003年サイバーエージェントに入社。SEO事業を立ち上げ、大手航空会社、バイクメーカーなど多くのサイトのコンサルティングを行う。2013年にAmeba事業本部へ異動。AmebaブログやSpotlightやAbemaTV、AWAなど多くの自社メディアのインハウスSEO責任者を務める。2012年より京都大学経済学研究科とSEOに効果的なコンテンツの研究に取り組む。2017年にSEOの研究を行うSEOラボを立ち上げ。CSS Nite LP10／24／Seoul、Web担当者Forumミーティング2014／2016 Autumnなどに登壇。

ブログ http://ameblo.jp/ca-seo/
Twitter https://twitter.com/kimuyan

ブックデザイン
加藤京子、我妻美幸（Sidekick）

DTP
技術評論社制作部

編集
傳 智之

■ お問い合わせについて

本書に関するご質問は、FAX、書面、下記のWebサイトの質問用フォームでお願いいたします。電話での直接のお問い合わせにはお答えできません。あらかじめご了承ください。
ご質問の際には以下を明記してください。

・書籍名
・該当ページ
・返信先（メールアドレス）

ご質問の際に記載いただいた個人情報は質問の返答以外の目的には使用いたしません。
お送りいただいたご質問には、できる限り迅速にお答えするよう努力しておりますが、お時間をいただくこともございます。
なお、ご質問は本書に記載されている内容に関するもののみとさせていただきます。

■ 問い合わせ先

〒162-0846
東京都新宿区市谷左内町21-13
株式会社技術評論社　書籍編集部　「たくさん読まれるアメブロの書き方」係
FAX：03-3513-6183
Web：http://gihyo.jp/book/2017/978-4-7741-9416-5

たくさん読(よ)まれるアメブロの書(か)き方(かた)

2017年12月21日　初版　第1刷発行

著者　木村賢（きむら さとし）
発行者　片岡巌
発行所　株式会社技術評論社
東京都新宿区市谷左内町21-13
電話　03-3513-6150　販売促進部
03-3513-6166　書籍編集部
印刷・製本　株式会社加藤文明社

ISBN978-4-7741-9416-5　C3055　Printed in Japan